Helmut Kollmann **Putz kompakt**

Putz kompakt

Mit Kennziffern, Regeln, Richtwerten

mit 76 Abbildungen und 42 Tabellen

Dr. Helmut Kollmann

Rudolf Müller

Bibliografische Information der Deutschen Nationalbibliothek

Die Deutsche Nationalbibliothek verzeichnet diese Publikation in der Deutschen Nationalbibliografie; detaillierte bibliografische Daten sind im Internet über http://dnb.d-nb.de abrufbar.

Maßgebend für das Anwenden von Normen ist deren Fassung mit dem neuesten Ausgabedatum, die bei der Beuth Verlag GmbH, Burggrafenstraße 6, 10787 Berlin, erhältlich ist. Maßgebend für das Anwenden von Regelwerken, Richtlinien, Merkblättern, Hinweisen, Verordnungen usw. ist deren Fassung mit dem neuesten Ausgabedatum, die bei der jeweiligen herausgebenden Institution erhältlich ist. Zitate aus Normen, Merkblättern usw. wurden, unabhängig von ihrem Ausgabedatum, in neuer deutscher Rechtschreibung abgedruckt.

Das vorliegende Werk wurde mit größter Sorgfalt erstellt. Verlag und Autor können dennoch für die inhaltliche und technische Fehlerfreiheit, Aktualität und Vollständigkeit des Werkes keine Haftung übernehmen.

Wir freuen uns, Ihre Meinung über dieses Fachbuch zu erfahren.
Bitte teilen Sie uns Ihre Anregungen, Hinweise oder Fragen per E-Mail: fachmedien.bau@rudolf-mueller.de oder Telefax: 0221 5497-6141 mit.

Lektorat: Petra Sander, Köln
Umschlaggestaltung: Tina Köppert, Köln (Foto: Sylvia Stürmer, Konstanz)
Satz: WMTP Wendt-Media Text-Processing GmbH, Birkenau
Druck und Bindearbeiten: freiburger graphische betriebe GmbH & Co. KG, Freiburg
Printed in Germany

ISBN 978-3-481-03012-4 (Buch-Ausgabe)
ISBN 978-3-481-03013-1 (E-Book-Ausgabe)

Vorwort

Putze sind die Haut eines Gebäudes. Als schützende Verschleißschicht haben sie eine technische Funktion, durch ihr Erscheinungsbild prägen sie den Charakter des Gebäudes. Sie sind somit Dokumente ihrer Zeit, die gleichzeitig den Stand der Technik widerspiegeln.

Das Verputzen ist eine handwerkliche Tätigkeit, die seit Jahrtausenden durchgeführt wird. Die Möglichkeiten hierfür, aber auch die Fehlermöglichkeiten wachsen ständig. Heute steht ein breites Fachwissen aus Praxiserfahrung und Forschung zur Verfügung. Auch verloren gegangenes Wissen konnte wiedergewonnen oder neu erarbeitet werden. Dennoch sind die richtige Planung, die optimale Materialauswahl und die fachgerechte Verarbeitung häufig äußerst schwierig. Dieses Buch soll insbesondere Verarbeitern und Fachunternehmern aufzeigen, welche Voraussetzungen seitens der Planung gegeben sein müssen und wie mit Putzen sinnvoll und praxisgerecht gearbeitet werden kann.

Die Fragestellungen sind im Neubaubereich und beim Bauen im Bestand ganz unterschiedlich. Ob ein alter Putz erhalten, ergänzt oder ersetzt werden kann oder muss, ist oft erst nach eingehenden Untersuchungen und Überlegungen zu sagen. Deshalb wird auch auf die Untersuchung und Beurteilung des Putzgrundes eingegangen.

Mit diesem Buch sollen Fragen rund um das Thema „Putz“ beantwortet werden, insbesondere:

- Was soll gemacht werden und warum?
- Wo soll was gemacht werden?
- Was soll und was kann erreicht werden?
- Wie wird geplant?
- Welche Voruntersuchungen müssen durchgeführt werden?
- Wie wird es gemacht und wen oder was braucht man dazu?
- Wann kann begonnen werden?
- Welche Putze sind wofür am besten?
- Wie lange sind die Standzeiten?
- Was kann schädigen?
- Wie wird nachbehandelt?
- Wie ist der Erfolg nachzuweisen?
- Wie wird gewartet?
- Wie kann geschützt werden?
- Wie kann aufgefrischt und überarbeitet werden?

Die Ausführungen in diesem Buch beziehen sich auf den heutigen Stand des Wissens und der Erfahrung sowie die Angaben in den aktuellen Regelwerken.

Sollten noch Fragen übrig bleiben, helfen vielleicht die in Kapitel 4 angegebenen zusätzlichen Informationsquellen weiter.

Danksagung

Mein Dank gilt allen, die mir dabei geholfen haben, dieses Buch fertigzustellen. Insbesondere danke ich der Firma epasit für bereitgestellte Zeit und Arbeitsmittel, Herrn Stuckateurmeister Jürgen Kurz für Ratschläge und Tipps zur Praxis, Frau Petra Sander für die kritische und konstruktive Überarbeitung des Textes und schließlich meiner Frau Karin für mehrmaliges Korrekturlesen. Sie mag seitdem das Wort „Putz" nicht mehr sehen.

Leonberg, im Mai 2013
Helmut Kollmann

Inhalt

	Vorwort	5
1	**Putze**	13
1.1	Definitionen	13
1.2	Eigenschaften nach Verarbeitungszustand des Putzmörtels	25
1.2.1	Frischmörtel	25
1.2.2	Festmörtel	29
1.3	Bestandteile und Zusammensetzung	40
1.3.1	Bestandteile	41
1.3.1.1	Mineralische Bindemittel	41
1.3.1.2	Zuschläge	55
1.3.1.3	Zusatzstoffe	58
1.3.1.4	Zusatzmittel	61
1.3.1.5	Anmachwasser	65
1.3.2	Zusammensetzung	65
1.3.2.1	Bindemittel und Zuschlag	65
1.3.2.2	Mörtelgruppen und Mischungsverhältnisse	67
1.4	Putzarten	72
1.4.1	Unterscheidungskriterien und technische Kennwerte	72
1.4.2	Druckwasserdichte Putze	80
1.4.3	Wasserhemmende Putze	86

1.4.4 Kapillarwasserdichte und wasserabweisende Putze 90
1.4.5 Wasseraufnehmende Putze 92
1.4.6 Wärmedämmende Putze 101
1.4.7 Schallhemmende und feuerhemmende Putze 105
1.4.8 Putzsysteme 109
1.4.9 Spezialputze 122

1.5 Verwandte und ergänzende Materialien 126
1.5.1 Reparaturmörtel, Restauriermörtel und Stopfmörtel 127
1.5.2 Dichtungsschlämmen und Spachtelmassen 132
1.5.3 Beschichtungen 135
1.5.4 Anstrichmittel 141
1.5.5 Imprägniermittel 152

1.6 Regelwerke 158
1.6.1 Normen 163
1.6.2 Arbeitsblätter, Richtlinien und Merkblätter 165
1.6.3 Herstellerinformationen 168
1.6.4 Sicherheitsdatenblätter 171
1.6.5 Nachweise 178

2 Planung und Ausführung von Putzarbeiten 185

2.1 Planung 185
2.1.1 Vertragliche Vereinbarungen 185
2.1.2 Bestandsanalyse – Untersuchung und Beurteilung 189
2.1.2.1 Fehlstellen des Putzgrunds 193
2.1.2.2 Feuchtigkeitsbelastung des Putzgrunds 198
2.1.2.3 Salzbelastung des Putzgrunds 201

2.1.2.4 Tragfähigkeit des Putzgrunds 202
2.1.3 Ausschreibung, Leistungsbeschreibung und Leistungsverzeichnis 210
2.1.4 Gewerke und Sonderfachleute 212
2.1.5 Voraussetzungen für Putzarbeiten 216

2.2 Ausführung 222
2.2.1 Putzgrundvorbereitung und -vorbehandlung ... 222
2.2.1.1 Putzgrundvorbereitung 224
2.2.1.2 Putzgrundvorbehandlung 246
2.2.2 Material 253
2.2.2.1 Baustellenputzmörtel, Werkputzmörtel und Sondermischungen 253
2.2.2.2 Mischungen von Bestandteilen 258
2.2.2.3 Produktauswahl und Kombination von Systemkomponenten unterschiedlicher Hersteller 260
2.2.3 Auftrag 263
2.2.3.1 Anmachen 263
2.2.3.2 Verarbeitungsweisen 265
2.2.3.3 Auftrag unterschiedlicher Putzarten und verwandter Materialien 276
2.2.3.4 Bewehrungen 291
2.2.3.5 Standzeiten 294
2.2.4 Oberflächenqualität 298
2.2.4.1 Qualitätsstufen 298
2.2.4.2 Optische Toleranzen und Maßtoleranzen 305
2.2.5 Deckschichten 307
2.2.5.1 Edelputze 307
2.2.5.2 Farbanstriche 310
2.2.5.3 Imprägnierungen 317

3 Schadensursachen und Schadensbeseitigung 321

3.1 Schadensursachen ... 322
3.1.1 Schäden durch fehlerhafte Planung ... 322
3.1.2 Schäden durch Einflüsse aus dem Putzgrund ... 326
3.1.3 Schäden durch fehlerhaftes Material ... 327
3.1.4 Schäden durch unsachgemäße Verarbeitung ... 328
3.1.5 Schäden durch äußere Einflüsse ... 332

3.2 Schäden vermeiden und beseitigen ... 337
3.2.1 Nachbehandlung und Qualitätskontrolle ... 338
3.2.2 Wartung und vorbeugende Maßnahmen ... 344
3.2.3 Auffrischen ... 346
3.2.4 Sanieren ... 353
3.2.5 Entfernen ... 355

4 Anhang ... 361

4.1 Verzeichnisse ... 361
4.1.1 Normen ... 361
4.1.2 Rechtsvorschriften ... 368
4.1.3 Literatur ... 368

4.2 Bezugsquellen ... 373

4.3 Stichwortverzeichnis ... 375

1 Putze

1.1 Definitionen

Putz und Mörtel

Das Wort „Putz" geht auf das Mittelalter zurück,
- wo es zunächst im Sinne von „Säuberung" verwendet wurde.
- Später kam die Bedeutung „Schmuck" hinzu.

Putz ist ein Belag
- aus Putzmörteln oder Beschichtungen mit putzartigem Aussehen,
- der an Wänden und Decken
- ein- oder mehrlagig in bestimmter Dicke aufgetragen wird und
- seine endgültigen Eigenschaften erst durch Verfestigung am Baukörper erreicht.

Einsatzbereiche von Putzen je nach Eigenschaften und Dicke:
- Gestaltung von Oberflächen, z. B.
  - Herstellen eines ästhetischen Erscheinungsbildes (siehe Beispiel)
  - Repräsentation von Baustilen
  - Widerspiegelung des Zeitgeistes
  - Gliederung der Fassade
  - Imitation anderer Baustoffe
  - optische Aufhellung oder Verdunkelung
  - optische Vergrößerung

- Untergrund für
  - Farbanstriche
  - Tapeten
  - Beschichtungen
  - Fliesen/Platten
- Erfüllen bauphysikalischer Aufgaben, wie
  - Bauwerksabdichtung
  - Witterungsschutz
  - Feuchteregulierung
  - Wärmeschutz
  - Schallschutz
  - Strahlenschutz
  - Herstellen der gewünschten Raumakustik

Beispiel

Putzflächen müssen nicht immer „vollkommen" sein. Auch schadhaft erscheinende Flächen können durchaus ästhetisch sein, wenn sie den Charakter eines Bauwerks unterstreichen (Abb. 1.1).

Mörtel ist ein Gemisch aus
- Bindemitteln,
- Gesteinskörnungen (Korn < 7 mm) und
- Wasser.

Bezeichnung nach **Verarbeitungszustand**:
- Trockenmörtel (unverarbeitet)
- Frischmörtel (mit Wasser angemischt, gebrauchsfertig)
- Festmörtel (verarbeitet und getrocknet)

Abb. 1.1: Fassade am Heidelberger Schloss mit Putzresten, die den Charakter des Bauwerks unterstreichen

Einteilung nach **Anwendung**:
- Mauermörtel
- Putzmörtel

Weitere Grundbegriffe

Begriffe im Baubereich sind
- zu einem großen Teil genau definiert,
- teils aber auch umgangssprachlich oder nur regional gebräuchlich.

Daher werden hier Definitionen
- in alphabetischer Reihenfolge aufgeführt,
- die in Normen und anderen Regelwerken erfasst sind.

speziell mit Putzen befasste **Normen**:

- DIN 18550-1 „Putz; Begriffe und Anforderungen“ (1985; nicht mehr in Kraft)
- DIN 18550-2 „Putz; Putze aus Mörteln mit mineralischen Bindemitteln; Ausführung“ (1985; nicht mehr in Kraft)
- DIN V 18550 „Putz und Putzsysteme – Ausführung“ (2005)
- DIN EN 998-1 „Festlegungen für Mörtel im Mauerwerksbau – Teil 1: Putzmörtel“ (2010)
- DIN EN 13914-1 „Planung, Zubereitung und Ausführung von Innen- und Außenputzen – Teil 1: Außenputz“ (2005)
- DIN EN 13914-2 „Planung, Zubereitung und Ausführung von Innen- und Außenputzen – Teil 2: Planung und wesentliche Grundsätze für Innenputz“ (2005)

Außenputze:

- auf Außenflächen aufgebrachte Putze (DIN V 18550)
- Materialien und Putzsysteme für den Außengebrauch (DIN EN 998-1)

Baustellenputzmörtel (DIN EN 998-1):
Mörtel, die aus den einzelnen Ausgangsstoffen auf der Baustelle zusammengesetzt und gemischt werden

Edelputzmörtel (DIN EN 998-1):

- farbige Putzmörtel
- erhalten ihre Farbe z. B. durch Pigmente oder farbige Gesteinskörnungen

Eignungsprüfungsmörtel (DIN EN 13914-1):

- Mörtel, die so konzipiert sind, dass festgelegte Eigenschaften und Prüfanforderungen erfüllt werden
- auch Performance-Mörtel genannt

Einlagenputzmörtel für außen (DIN EN 998-1):

- Mörtel nach Eignungsprüfung
- werden in einer Lage verarbeitet
- erfüllen dieselben Funktionen, die von einem mehrlagigen Außenputzsystem gefordert werden
- üblicherweise farbig
- können mit normalen und/oder leichten Gesteinskörnungen hergestellt werden

Festmörtel:

- mineralische Mörtel nach der Erhärtung
- besitzen die zur Eignung geforderten Festigkeiten

Frischmörtel:

vollständig gemischte, gebrauchsfertige Mörtel

Innenputze:

- auf Innenflächen angebrachte Putze (DIN V 18550)
- Materialien und Putzsysteme für den Innengebrauch (DIN EN 998-1)

Kalk-Sand-Werk-Vormörtel (DIN EN 998-1):

- im Werk zusammengesetzt und gemischt
- werden zur Baustelle geliefert
- werden auf der Baustelle nach Anweisung des Werkes mit weiteren Bestandteilen (z. B. Zement) gemischt

Kunstharzputze:

- Beschichtungen mit putzartigem Aussehen
- enthalten organische Bindemittel
- pastös verarbeitungsfertig angeboten
- ausschließlich als Oberputze zu verwenden

Leichtputzmörtel (DIN EN 998-1):
- Mörtel nach Eignungsprüfung
- Trockenrohdichte des Festmörtels unterhalb von 1.300 kg/m^3

mineralische Putze und **Beschichtungen:**
- aus mineralischen (anorganischen) Bindemitteln und Zuschlägen bestehend
- können Zusatzmittel zum Beeinflussen der Eigenschaften enthalten

Normalputzmörtel (DIN EN 998-1):
- Mörtel ohne besondere Eigenschaften
- können als Mörtel nach Rezept oder als Mörtel nach Eignungsprüfung hergestellt werden

Oberputze (DIN EN 998-1):
- oberste Lage eines mehrlagigen Putzsystems
- können auch dekorative Funktionen erfüllen

Putzarten (DIN V 18550):
- Putze, die allgemeinen Anforderungen genügen
- Putze, die zusätzlichen Anforderungen genügen, wie
  - wasserhemmende Putze
  - wasserabweisende Putze
  - Innenwandputze mit erhöhter Abriebfestigkeit
  - Innenwand- und Innendeckenputze für Feuchträume
- Putze für Sonderzwecke, wie
  - Sanierputze
  - Putze als Brandschutzbekleidung
  - Putze zur Strahlungsabsorption
  - Putze zur Schallabsorption

Putzbewehrungen (DIN V 18550):
Einlagen im Putz zur Verminderung der Rissbildung

Putzgründe (DIN V 18550):
Bauteile, die verputzt werden

Putzlagen (DIN EN 998-1):

- Ausführung in einem oder mehreren Arbeitsgängen mit dem gleichen Putzmörtel
- Auftrag bei mehreren Arbeitsgängen frisch in frisch

Putzmörtel

- nach **Zusammensetzung** und Verwendung (DIN EN 998-1):
  - Gemische aus einem oder mehreren anorganischen Bindemitteln, Gesteinskörnungen, Wasser, ggf. Zusatzstoffen und/oder Zusatzmitteln
  - Verwendung als Außen- oder Innenputze
- nach **Herstellungskonzept** (DIN EN 998-1):
  - Putzmörtel nach Eignungsprüfung
  - Putzmörtel nach Rezept
- nach **Eignungsprüfung** (DIN EN 998-1):
  besitzen Eigenschaften, die sich ergeben
  - aus der Zusammensetzung und
  - dem Herstellungsverfahren (Eignungsprüfungskonzept)
- nach **Rezept** (DIN EN 998-1):
  - werden in vorbestimmten Mischungsverhältnissen hergestellt
  - besitzen Eigenschaften, die aus den vorgegebenen Anteilen der Bestandteile abgeleitet werden (Rezeptkonzept)
- nach **Ort** und **Art** der **Herstellung** (DIN EN 998-1):
  - Werkputzmörtel

- werkmäßig hergestellte Putzmörtel (werkmäßig vorbereitete Putzmörtel, Kalk-Sand-Werk-Vormörtel)
- Baustellenputzmörtel

- nach **Eigenschaften** und/oder **Verwendungszweck** (DIN EN 998-1):
  - Normalputzmörtel (GP)
  - Leichtputzmörtel (LW)
  - Edelputzmörtel (CR)
  - Einlagenputzmörtel für außen (OC)
  - Sanierputzmörtel (R)
  - Wärmedämmputzmörtel (T)

Hinweis

Die Abkürzungen in Klammern bei Putzmörteln nach Eigenschaften und/oder Verwendungszweck werden oft in technischen Beschreibungen zur Charakterisierung der Putzart verwendet.

Putzsysteme

- nach DIN EN 998-1:
  - Reihen von Putzlagen, die auf den Putzgrund in Verbindung mit eventuell einem Putzträger und/oder einer Putzbewehrung und/oder einer Untergrundvorbehandlung aufgebracht werden
  - Untergrundvorbehandlung ggf. aus einer zusätzlichen Putzlage zum spezifischen Putzsystem bestehend
- nach DIN V 18550:
  - mehrere Lagen eines Putzes, die insgesamt die Anforderungen erfüllen
  - verschiedene Putze, die als System zusammenwirken

Putzträger (DIN V 18550):
flächig ausgebildete Materialien
- zum Verbessern der Haftung des Putzes auf dem Putzgrund
- zum Entkoppeln des Putzes von der tragenden Konstruktion

Putzweisen (DIN V 18550):
Arten der Ausführung bzw. der Oberflächenbehandlung

Sanierputze (WTA-Merkblatt 2-9-04/D [WTA, 2005]):
- Putze mit hoher Porosität und Wasserdampfdurchlässigkeit bei gleichzeitig erheblich verminderter kapillarer Leitfähigkeit
- dienen zum Verputzen feuchter und/oder salzbelasteter Mauerwerke

Sanierputzmörtel (DIN EN 998-1):
- Mörtel nach Eignungsprüfung
- geeignet für das Verputzen von feuchten Mauerwerken, die wasserlösliche Salze enthalten
- weisen eine hohe Porosität und Wasserdampfdiffusion sowie eine verminderte kapillare Leitfähigkeit auf

Standzeiten (DIN V 18550):
notwendige Aushärtungs- und Trockenzeiten
- zwischen dem Auftragen einzelner Putzlagen
- zwischen dem Auftragen des Putzes und der Beschichtung

Trockenmörtel:
- fertig zusammengesetzte Gemische von Bindemitteln und Zuschlägen
- werden auf der Baustelle nur noch mit Wasser oder einer anderen Anmachflüssigkeit gemischt

Unterputze (DIN EN 998-1):
untere Lage oder Lagen eines Putzsystems

Wärmedämmputzmörtel (DIN EN 998-1):
- Mörtel nach Eignungsprüfung
- besitzen spezifische, wärmedämmende Eigenschaften

Wärmedämmputzsysteme (DIN V 18550):
bestehend aus aufeinander abgestimmtem
- wärmedämmendem Unterputz
- wasserabweisendem Oberputz

werkmäßig vorbereitete Putzmörtel (DIN EN 998-1):
- im Werk abgefüllt
- werden an die Baustelle geliefert
- werden auf der Baustelle nach Herstellerangaben und Herstellerbedingungen gemischt

Werkputzmörtel (DIN EN 998-1):
- im Werk zusammengesetzt und gemischt
- können als fertig gemischte Trockenmörtel geliefert werden (nur noch Wasserzugabe erforderlich)
- können gebrauchsfertig als Frischmörtel (Bezeichnung „Nassmörtel" in DIN 998-1) geliefert werden

Begriffe in Zusammenhang mit Putzen

(alphabetisch geordnet)

Denkmalpflege:
Beschäftigung mit der Pflege erhaltenswerter Kunstdenkmäler

Denkmalschutz:

- hoheitliche Aufgabe der Bundesländer
- befolgt Gesetze zum Schutz von Boden-, Bau- und Kulturdenkmälern

Festigkeitsgefälle:

- von innen nach außen notwendig, um Risse im Putz durch Spannungen beim Abbinden des Putzes zu vermeiden
- abnehmender Elastizitätsmodul der Materialien des Wandaufbaus (z. B. Mauerwerk, Unterputz, Oberputz) von innen nach außen erforderlich (Putzregel „weich auf hart")

historische Putze:

Putze bis etwa zum Jahr 1950 (bevor es kunststoffvergütete Werkputzmörtel gab)

Nachhaltigkeit:

- Ineinandergreifen ökologischer, ökonomischer und sozialer Ziele
- Anstreben von Lösungen, die
  - für das Bauwerk verträglich sind
  - den Schadensfortschritt verlangsamen oder gar anhalten
  - die Funktionen und die Nutzung auf hohem Niveau sichern

Naturputze:

- Putze ohne Zusatzmittel und/oder Pigmente
- beziehen ihre Farbigkeit allein aus den verwendeten Rohstoffen

Sanierung:

- Überbegriff für die nachhaltige Instandsetzung eines Bauwerks

- umfasst die bauliche und technische Wiederherstellung oder Modernisierung eines Bauwerks
  - zum Beseitigen von Mängeln
  - zum Erhöhen des Wohn- und Lebensstandards

Sanierungskonzepte:

- **Ersetzen** und **Erneuern** durch
  - Hinzufügen oder Austauschen von Bauteilen
  - Beseitigen von Schwachstellen
- **Instandhalten** durch Maßnahmen zum Bewahren des derzeitigen Zustandes
- **Konservieren** durch
  - Bewahren im augenblicklichen Zustand
  - Begrenzen des weiteren Verfalls
- **Modernisieren** durch
  - Instandsetzen oder Erneuern ganzer Gebäudeteile
  - Erhöhen des Gebrauchswerts
- **Rekonstruieren** und **Renovieren** durch
  - Wiederherstellen eines früheren Zustandes
  - Wiederherstellen einer früheren Nutzung
  - Wiederherstellen eines früheren Erscheinungsbildes
  - Verwenden von möglichst originalgetreuen Baustoffen und Techniken
- **Reparieren** (Instandsetzen) durch
  - Beseitigen von Spuren der Nutzung oder äußerer Einwirkung
  - Rückgängigmachen von Verlusten in der Funktion
  - Rückgängigmachen von Verlusten beim Erscheinungsbild
  - Verwenden von Material, das dem Bestand möglichst nahe kommt

- **Restaurieren** durch
  - Beseitigen von Spuren der Nutzung oder Alterung
  - Anstreben des ursprünglichen Zustandes
  - Verwenden von möglichst originalgetreuen Baustoffen und Techniken

1.2 Eigenschaften nach Verarbeitungszustand des Putzmörtels

1.2.1 Frischmörtel

- Die Eigenschaften des Frischmörtels sind bereits entscheidend für die Eigenschaften des Festmörtels (spätere Eigenschaften also schon vorher abschätzbar).
- Für Werkputzmörtel liegen definierte Anforderungen an die Frischmörteleigenschaften vor.

maßgebliche **Frischmörteleigenschaften:**

- Konsistenz (Standfestigkeit)
- Wasserrückhaltevermögen
- Luftgehalt
- Verarbeitbarkeitszeit

Hinweis

Für die Bestimmung dieser Eigenschaften gibt es Prüfnormen.

Konsistenz (Standfestigkeit)

- Durch die Zugabe von Wasser oder einer anderen Anmachflüssigkeit erreicht der Mörtel eine verarbeitungsfähige Konsistenz.
- Die erforderliche Flüssigkeitsmenge zum Anmachen ist abhängig von der Mörtelzusammensetzung.
- Der Wasserbedarf für die Verarbeitung von Hand und mit Maschine ist vom Hersteller auf dem Gebinde bzw. in den Begleitpapieren anzugeben.

Prüfung der Konsistenz auf der Baustelle über das **Ausbreitmaß**:

- Der Mörtel wird in ein Gefäß von der Form eines Kegelstumpfes gegeben.
- Nach dem Hochziehen des Geräts breitet sich der Mörtel aus.
- Der Durchmesser des „Mörtelkuchens" ist ein Maß für die Konsistenz.
- Sollwerte sind beim Hersteller zu erfahren.

Wasserrückhaltevermögen

stark saugender Putzgrund:

- Der Putzgrund entzieht dem frisch aufgetragenen Mörtel einen Teil des Anmachwassers.
- Dieses steht dann nicht mehr für die Reaktion der Bindemittel zur Verfügung.
- Dadurch erreicht der Festmörtel nicht die erforderliche Festigkeit.
- Er sandet, reißt und löst sich vom Putzgrund.

Maßnahmen:

- ausreichendes Vornässen des stark saugenden Putzgrundes oder
- Grundierung mit einer sog. Aufbrennsperre oder
- Erhöhung des Wasserrückhaltevermögens des Mörtels durch Zusatzmittel, die
  - das Anmachwasser festhalten
  - so ein Absaugen in den Putzgrund verhindern
  - in Werkputzmörteln meist aus Zellulose bestehen (z. B. auch Hauptbestandteil von Tapetenkleister, der große Wassermengen binden kann)

Luftgehalt

Die **Porosität** muss je nach Anwendungszweck unterschiedlich sein, z. B.

- hoch bei Sanierputzmörteln,
- niedrig bei Dichtputzmörteln.

Einbringung von Luftporen:

- durch Zusatzmittel (z. B. Tenside) und/oder
- durch Leichtzuschläge (z. B. Perlite)

Die **Luftporen** im Frischmörtel

- ergeben die Porosität des Festmörtels und
- müssen daher stabil sein:
  - Durch die Zusatzmittel gebildete Luftporen dürfen nicht wieder von allein oder bei zu langem Rühren zusammenfallen.
  - Leichtzuschläge dürfen beim Anrühren nicht zerstört werden.

Mischdauer und **Mischintensität**

- spielen eine entscheidende Rolle für den Luftgehalt (insbesondere beim Einsatz von Luftporenbildnern) und
- müssen daher vom Hersteller angegeben werden (Angaben über die Mischweise und ggf. über besondere Maschinenausrüstungen).

Abschätzen des Luftgehalts über das **Litergewicht:**

- Der Frischmörtel wird in ein Gefäß gegeben, das genau 1 l fasst.
- Durch Wägen wird die Masse des Mörtels ermittelt.
- Vom Hersteller ist zu erfahren, wie hoch das Litergewicht höchstens sein darf, damit die Anforderung an den Luftgehalt erfüllt wird.

Hinweis

Wie groß der Luftgehalt sein darf bzw. muss, ist in den Produktanforderungen festgelegt. Insbesondere bei Sanierputzmörteln ist der Luftgehalt entscheidend.

Verarbeitbarkeitszeit

- Zeit, die vom Anmischen des Frischmörtels bis zur Endbearbeitung zur Verfügung steht
- bei Werkputzmörteln Herstellerangabe der Verarbeitbarkeitszeit auf den technischen Merkblättern und den Gebinden erforderlich

1.2.2 Festmörtel

- Die Eigenschaften von Festmörteln unterliegen Anforderungen nach Verwendungszweck.
- Je nach Verwendungszweck müssen diese Eigenschaften genau definierte Mindest- und Höchstwerte aufweisen.

charakteristische **Festmörteleigenschaften**:
- Trockenrohdichte
- Biegezugfestigkeit, Druckfestigkeit und Elastizitätsmodul
- Haftzugfestigkeit und Bruchbild
- Wasserdichtigkeit
- kapillare Wasseraufnahme
- Wassereindringung
- Wasserdurchlässigkeit
- Wasserdampfdurchlässigkeit
- Porosität
- Wärmeleitfähigkeit
- Brandverhalten
- Dauerhaftigkeit

Hinweis

Diese Eigenschaften sind nicht für alle Festmörtel gleich wichtig, sondern vom Verwendungszweck abhängig.

Tabelle 1.1: Übersicht über die Anforderungen an Festmörtel (nach DIN EN 998-1)[1)]

Eigenschaft	Normalputzmörtel	Leichtputzmörtel	Edelputzmörtel	Sanierputzmörtel	Wärmedämmputzmörtel	Einlagenputzmörtel für außen
Trockenrohdichte in kg/m^3	deklarierter Bereich der Werte	deklarierter Bereich der Werte $\leq$ 1.300 kg/m^3	deklarierter Bereich der Werte			
Druckfestigkeit[2)] (Klasse)	CS I bis CS IV	CS I bis CS III	CS I bis CS IV	CS II	CS I bis CS II	CS I bis CS IV
Haftzugfestigkeit in N/mm^2, Bruchbild	$\geq$ deklarierter Bereich der Werte und Bruchbild					k. A.
Haftzugfestigkeit nach der Bewitterung in N/mm^2, Bruchbild	k. A.					deklarierter Wert und Bruchbild
kapillare Wasseraufnahme[3)] (Klasse)	W 0 bis W 2	W 0 bis W 2	W 0 bis W 2	$\geq$ 0,3 kg/m^2 nach 24 Stunden	W 1	W 1 bis W 2
Wassereindringung[4)] in mm	k. A.			$\leq$ 5 mm	k. A.	
Wasserdurchlässigkeit[5)] in ml/cm^2	k. A.					$\leq$ 1

Tabelle 1.1: Fortsetzung

Eigenschaft	Normal-putz-mörtel	Leichtputz-mörtel	Edel-putz-mörtel	Sanier-putz-mörtel	Wärme-dämm-putz-mörtel	Einlagen-putz-mörtel für außen
Wasserdampf-diffusions-widerstandszahl μ[3]	≤ deklarierter Wert			≤ 15	≤ 15	≤ deklarierter Wert
Wärmeleitfähigkeit[6] in W/(m · K)	tabellierter Mittelwert (P = 50 %)				k. A.	tabellierter Mittelwert (P = 50 %)
Wärmeleitfähigkeit (Klasse) in W/(m · K)	k. A.				T 1: ≤ 0,10 T 2: ≤ 0,20	k. A.
Brandverhalten (Klasse)	anzugeben					
Dauerhaftigkeit	anzugeben					

k. A. keine Anforderungen

1) Der deklarierte Bereich der Werte wird bei der Erstprüfung in Abstimmung mit der Prüfstelle festgelegt. Die deklarierten Werte und/oder Klassen müssen den in DIN EN 998-1, Tabelle 2, festgelegten Anforderungen entsprechen.
2) Druckfestigkeitsklassen siehe Kapitel 1.4.8
3) für Mörtel zur Verwendung in Außenbauteilen
4) nach der Prüfung der Wasseraufnahme
5) auf bestimmten Untergründen nach der Bewitterung nach 48 Stunden
6) für Mörtel zur Verwendung in Bauteilen, an die wärmeschutztechnische Anforderungen gestellt werden; der tabellierte Mittelwert wird DIN EN 1745 „Mauerwerk und Mauerwerksprodukte – Verfahren zur Bestimmung von wärmeschutztechnischen Eigenschaften" (2012), Tabelle A 12, entnommen, in der Putze mit verschiedenen Trockenrohdichten bestimmten Wärmeleitfähigkeiten zugeordnet sind. P = 50 % bedeutet, dass dieser Wert mit 50%iger Wahrscheinlichkeit unterschritten oder gerade erreicht wird.

Hinweis

Die für den Festmörtel charakteristischen Angaben müssen auf dem Gebinde zu lesen sein. Dies gewährleistet die Kontrolle, ob die Anforderungen erfüllt sind.
Die CE-Kennzeichnung bestätigt die Konformität mit der europäischen Norm (siehe Kapitel 1.6.5).

Trockenrohdichte

- Bestimmung durch Wägen von Prismen (4 cm × 4 cm × 16 cm) und Umrechnen in kg/m^3
- daraus auf die Porosität und die Festigkeit (mit Einschränkungen) schließbar

Biegezugfestigkeit, Druckfestigkeit und Elastizitätsmodul

- Die Festigkeiten von Festmörteln werden an Prismen (4 cm × 4 cm × 16 cm) geprüft.
- Maßeinheit ist jeweils N/mm^2.

Biegezugfestigkeit:

- Das Prisma wird gebogen, bis es bricht.
- Aus dem Wert für die dafür notwendige Kraft ist das Verhalten von Festmörteln abschätzbar bei
  - Erschütterungen,
  - Scherspannungen,
  - Schwingungen oder
  - anderen Formänderungen.

Druckfestigkeit (Klassen nach DIN EN 998-1 siehe Kapitel 1.4.8):

- Die Bruchstücke aus der Prüfung der Biegezugfestigkeit werden zusammengepresst, bis sie zerstört werden.
- Der Wert der hierfür notwendigen Kraft gibt die Druckfestigkeit an.

Elastizitätsmodul:

- Größe, die beschreibt, wie sich der Festmörtel verformen lässt
- zeigt hohe Verformbarkeit durch niedrige Werte an
- zeigt spröde und feste Festmörtel durch hohe Werte an

Festigkeitsgefälle (Putzregel „weich auf hart“):
Der Festmörtel muss

- eine geringere Druckfestigkeit und
- einen geringeren Elastizitätsmodul

aufweisen als der Putzgrund.

Hinweis

Die Druckfestigkeit sollte höchstens dreimal so groß sein wie die Biegezugfestigkeit. Ist sie höher, neigt der Festmörtel zu Rissen.

Haftzugfestigkeit und Bruchbild

Die **Haftzugfestigkeit** gibt in N/mm^2 an, bei welcher Last der Festmörtel vom Untergrund abgerissen wird oder in sich reißt.

Beurteilung des **Bruchbilds** bei dieser Prüfung gemäß DIN EN 1015-12 „Prüfverfahren für Mörtel für Mauerwerk –

Teil 12: Bestimmung der Haftfestigkeit von erhärteten Putzmörteln" (2000):

- Adhäsionsbruch ist ein Bruch zwischen Festmörtel und Putzgrund (Bruchbild A).
- Kohäsionsbruch ist ein Bruch im Festmörtel (Bruchbild B) oder im Untergrund (Bruchbild C).

Hinweis

Putze müssen normalerweise gut am Untergrund haften. Bei reversiblen Putzen jedoch, die den Putzgrund nur temporär schützen sollen (z. B. Opferputze), muss eine Trennung zwischen Putz und Putzgrund erfolgen, ggf. durch eine Trennschicht oder den Einbau eines Putzträgers.

Wasserdichtigkeit

Alle Bauteile, die

- mit dem Erdreich oder
- mit Spritzwasser

in Berührung kommen, müssen abgedichtet werden.

Dies betrifft

- Mauerwerk,
- Beton,
- Putz und
- Wärmedämm-Materialien.

Bei zur **Abdichtung** verwendetem Putz muss der Festmörtel je nachdem, ob es sich um

- drückendes oder
- nicht drückendes Wasser handelt,

folgende Wasserdichtigkeiten aufweisen:

- wasserundurchlässig,
- wasserabweisend,
- wasserhemmend oder
- wasserdurchlässig.

Hinweis

Die einzelnen Lastfälle sind in der Normenreihe DIN 18195 „Bauwerksabdichtungen“ (2009 bis 2011) beschrieben.

Kapillare Wasseraufnahme

Mauerwerk, Putz und Deckschicht saugen Wasser in unterschiedlichem Maße kapillar an, wobei die Saugfähigkeit abhängt

- vom Porengefüge und
- von eventuellen Fehlstellen (Rissen).

3 **Kennwerte** für die kapillare Wasseraufnahme von Festmörteln:

- aufgenommene Wassermenge in kg
- Fläche, über die das Wasser angesaugt wird, in m^2
- Zeit, in der der Baustoff das Wasser aufsaugt, in h

Hinweis

Gemessen wird, wie viel Wasser in kg der Festmörtel über eine Fläche von 1 m^2 in einer bestimmten Zeit aufsaugt. Beim Kontakt mit Wasser ändern sich die Wassermenge und die Zeit, die Fläche bleibt selbstverständlich gleich.

Das Wasser wird nicht gleichmäßig aufgenommen:

- Zunächst saugt der Festmörtel viel Wasser auf.
- Dann verlangsamt sich die Wasseraufnahme.
- Daher ist die Wasseraufnahme kein fester Wert, sondern abhängig von der Zeit.
- Dabei wird die Zeit nicht linear betrachtet, sondern in bestimmten, immer größer werdenden Abständen.
- Wird von diesen Zeitabständen die Quadratwurzel eingesetzt, ergibt sich ein fester Wert: der Wasseraufnahmekoeffizient w mit der ungewöhnlichen Maßeinheit $kg/(m^2 \cdot \sqrt{h})$.
- Statt des Wurzelzeichens kann auch $h^{½}$ oder $h^{0,5}$ geschrieben werden.

Klassen der kapillaren Wasseraufnahme C von Festmörteln (DIN EN 998-1) sind

- W 0: nicht festgelegt,
- W 1: $C \leq 0{,}40\ kg/(m^2 \cdot min^{0,5})$,
- W 2: $C \leq 0{,}20\ kg/(m^2 \cdot min^{0,5})$.

Hinweis

> Fassadenputze müssen einen Schutz gegen Schlagregen bieten, also wasserhemmend oder wasserabweisend sein, damit das Mauerwerk auch nach längerer Regenbeanspruchung trocken bleibt. Die aufgenommene Wassermenge muss wieder abgegeben werden können.

Wassereindringung

Hinweis

> Die Wassereindringung ist nur bei Sanierputzsystemen zu betrachten.

Aufbau des Putzsystems:

- Grundputz (Ausgleichsputz oder Porengrundputz)
- Sanierputz

Anforderungen an die Festmörtel:

- Der Grundputzmörtel soll innerhalb kurzer Zeit vollständig von Wasser durchdrungen werden (Transport der gelösten Salze zum Sanierputzmörtel hin).
- In den Sanierputzmörtel selbst darf das salzhaltige Wasser aber nur **höchstens 5 mm** tief eindringen (Vermeidung von Salzen an der Putzoberfläche).
- Das Wasser muss aber **mindestens 3 mm** tief eindringen (Vermeidung einer Salzkristallisation an der Grenzfläche zwischen Sanier- und Grundputzmörtel bzw. zwischen Sanierputzmörtel und Putzgrund mit Hohlstellenbildung).

Wasserdurchlässigkeit und Wasserdampfdurchlässigkeit

Wasserdurchlässigkeit:

- Auf bestimmten Untergründen darf nach der Bewitterung nicht mehr als 1 ml Wasser pro cm^2 durchdringen.
- Die Wasserdurchlässigkeit ist nur bei Einlagenputzmörteln für außen zu betrachten.

Wasserdampfdurchlässigkeit:

- spielt bei der Beurteilung von Putzmörteln eine große Rolle
- Angabe in Relativzahlen zu Luft
- Die **Wasserdampfdiffusionswiderstandszahl** (μ-Wert) besagt, wie viel dichter ein Stoff gegenüber Wasserdampf ist als eine gleich dicke ruhende Luftschicht bei gleicher Temperatur (dimensionslose Stoffgröße).

- Die **wasserdampfdiffusionsäquivalente Luftschichtdicke** s_d besagt, wie dick eine Luftschicht sein muss, um den gleichen Diffusionswiderstand zu haben wie die Festmörtelschicht:

  $s_d = d \cdot \mu$ (m)

  mit

  d Dicke des Festmörtels (m)

  μ Wasserdampfdiffusionswiderstandszahl des Festmörtels

Porosität

- von Bedeutung bei Sanierputzsystemen und bei Putzmörteln mit erhöhtem Frostwiderstand
- hohe Porosität erforderlich, wenn Salze oder Eiskristalle im Festmörtelgefüge schadenfrei auskristallisieren sollen

Messung:

- bei saugfähigen Festmörteln über die Sättigung mit Wasser
- bei wasserabweisenden Festmörteln (z. B. Sanierputzmörteln) über die Sättigung mit einem Lösemittel (Isopropanol)

Wärmeleitfähigkeit

Wärmedämmputzmörtel

- besitzen eine Wärmeleitfähigkeit von ≤ 0,2 W/(m · K) und
- erfüllen diese Anforderung bei einer Trockenrohdichte des Festmörtels von ≤ 600 kg/m³.

Die DIN EN 998-1 teilt Wärmedämmputzmörtel in 2 Klassen ein:

- T 1 ≤ 0,1 W/(m · K),
- T 2 ≤ 0,2 W/(m · K).

Brandverhalten

abhängig von der Zusammensetzung der Festmörtel:

- nicht brennbare mineralische Bestandteile
- brennbare organische Bestandteile

Klassifizierung nach dem Gehalt gleichmäßig verteilter organischer Stoffe:

- bei < 1 Masse-% oder Volumen-% ohne weitere Prüfung Einstufung in Baustoffklasse A1 (nicht brennbar)
- bei > 1 Masse-% oder Volumen-% weitere Prüfung des Brandverhaltens erforderlich

Hinweis

Das Brandverhalten von Baustoffen und Bauteilen ist in der Normenreihe DIN 4102 „Brandverhalten von Baustoffen und Bauteilen" (1977 bis 1998) geregelt (zu feuerhemmenden Putzen siehe Kapitel 1.4.7).

Dauerhaftigkeit

Einlagenputzmörtel für außen:

- Prüfung der Haftzugfestigkeit und der Wasserdurchlässigkeit nach der Bewitterung (DIN EN 1015-21 „Prüfverfahren für Mörtel für Mauerwerk – Teil 21: Bestimmung der Verträglichkeit von Einlagenputzmörteln mit Untergründen" [2003])
- dadurch Rückschlüsse auf die Frostbeständigkeit

andere Festmörtel:

- Prüfung der Dauerhaftigkeit über den Frostwiderstand nicht sinnvoll

- in der Regel Angabe von „Leistungsmerkmal nicht bestimmt“ (LNB)

Hinweis

> Die Dauerhaftigkeit von Putzen ist zwar in DIN EN 998-1 als Anforderung aufgeführt, es steht jedoch kein direktes Prüfverfahren hierfür zur Verfügung.

Sanierputzsysteme:

- Anfangs wurde befürchtet, dass eine Salzsättigung am Kontakt zwischen Mauerwerk und Putz eintritt.
- Dies konnte jedoch nicht beobachtet werden.
- Untersuchungen bestätigten, dass sich die Poren des Sanierputzes nur sehr langsam mit Salzen füllen.
- Erst wenn die Poren gefüllt sind, können die Salze die Hydrophobierung überwinden und an die Putzoberfläche gelangen.
- Die Lebensdauer von Sanierputzen wird daher trotz des salzbelasteten Putzgrundes eher in Jahrzehnten gerechnet.
- Sanierputze sind also ganz langsame Opferputze.

1.3 Bestandteile und Zusammensetzung

Putze werden unterteilt in

- mineralische Putze und
- Beschichtungen mit putzartigem Aussehen.

Hinweis

> Die folgenden Ausführungen beziehen sich nur auf mineralische Putze (zu Beschichtungen siehe Kapitel 1.5.3).

1.3.1 Bestandteile

Putzmörtel bestehen aus

- Bindemitteln,
- Zuschlägen (Gesteinskörnungen),
- Zusatzstoffen (maximal 15 Masse-%),
- Zusatzmitteln (maximal 2 Masse-%) und
- Wasser.

1.3.1.1 Mineralische Bindemittel

Für Putzmörtel gebräuchliche mineralische Bindemittel sind

- Lehm,
- Baugipse,
- Baukalke,
- Zemente,
- Putz- und Mauerbinder,
- Silikate und Siliconharze (für Spezialmörtel).

Lehm

Der Baustoff Lehm besteht aus einem Gemisch von

- Tonmineralen,
- Kalkstein,
- Quarzsand und
- Feldspäten.

Herstellung:

- Der Lehm wird nach dem Abbau getrocknet und gemahlen.
- Für die Verwendung in Putzmörteln wird er meist mit Sand (oft ungewaschenem Grubensand) abgemagert (zu hoher Tonanteil macht Putz anfällig für Risse).

Eigenschaften:
- kann je nach Art der Tonminerale durch Wassereinlagerung mehr oder weniger stark quellen und schwinden
- besitzt eine gute Bindekraft

Hinweis

Der Baustoff Lehm ist nicht genau definiert und nicht genormt.

Baugipse

Gips
- wird gewonnen aus natürlichem Gipsstein (Rohgips, Calciumsulfat-Dihydrat, $CaSO_4 \cdot 2\ H_2O$) und
- entsteht als Nebenprodukt bei der
  - Rauchgasentschwefelung (REA-Gips, wird praktisch nicht für Putzmörtel, sondern für Gips- und Gipsfaserplatten eingesetzt),
  - Herstellung von Zitronensäure, Weinsäure, Oxalsäure, Phosphorsäure, Flusssäure,
  - Reaktion von Kalk mit Schwefelsäure,
  - Abwasserreinigung.

Baugipse werden unterschieden in
- Stuckgips,
- Putzgips und
- Estrichgips.

Stuckgips
- versteift rasch (Versteifungsbeginn zwischen 8 und 25 Minuten),

- wird für Gipsputzmörtel eingesetzt und
- zur Herstellung von Gipsornamenten verwendet.

Putzgips
- versteift rasch, erhärtet jedoch langsam,
- ist für Hand- und Maschinenverarbeitung geeignet,
- wird für Innenputz- und Rabitzarbeiten verwendet.

Estrichgips
- versteift/erhärtet langsam und
- erreicht hohe Festigkeit.

Herstellung:
- Zerkleinern des Gipssteins (grob für Putzgips, fein für die anderen Gipssorten)
- Brennen des Gipssteins bei unterschiedlichen Temperaturen
- Mahlen des gebrannten Gipssteins

Produkte des Brennvorgangs:
- Je nach Temperatur und Brenndauer wird ein Teil oder das gesamte in den Kristallen gebundene Wasser entzogen.
- Es entsteht
  - bei 110 °C gebrannter Gips (Halbhydrat, β-$CaSO_4 \cdot \frac{1}{2} H_2O$),
  - bei 130 bis 180 °C Stuckgips (Gemisch aus viel Halbhydrat und wenig Anhydrit, $CaSO_4$),
  - bei 150 bis 300 °C Putzgips (Gemisch aus Halbhydrat und Anhydrit),
  - bei 350 bis 800 °C Estrichgips (Anhydrit).
- Bei über 1.000 °C geht der Gips in gebrannten Kalk über (das gesamte SO_3 entweicht).

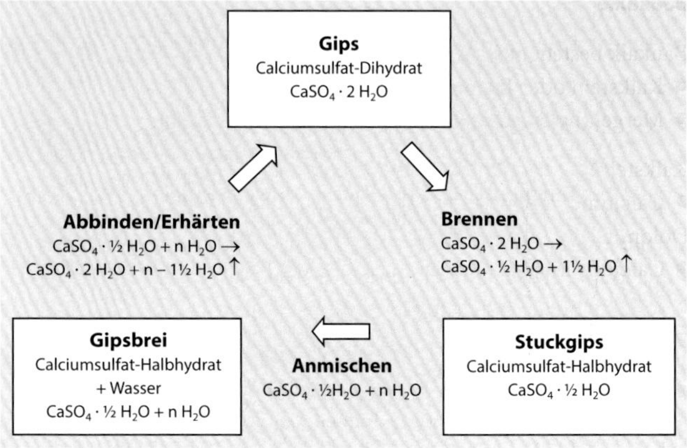

Abb. 1.2: Kreislauf des Gipses

„Kreislauf des Gipses“:

Wird der Baugips mit Wasser angemischt,

- baut er dieses in sein Kristallgitter ein und
- erhärtet wieder zu Gipsstein (Abb. 1.2).

Regelwerke:

- früher Normenreihen
  - DIN 1168 „Baugipse“ (1975/1986)
  - DIN 18550
- heute
  - DIN V 18550
  - DIN EN 13279-1 „Gipsbinder und Gips-Trockenmörtel – Teil 1: Begriffe und Anforderungen“ (2008)
  - DIN EN 13279-2 „Gipsbinder und Gips-Trockenmörtel – Teil 2: Prüfverfahren“ (2004)

Baukalke

Baukalk besteht aus
- Kalkstein oder Dolomit und
- Mergel (natürliches Gemisch aus Kalkstein und Ton).

Kalkstein:
- Calciumcarbonat – $CaCO_3$

Dolomit:
- Calcium-Magnesiumcarbonat – $CaMg(CO_3)_2$

Hinweis

Unter dem Begriff „Kalk" werden ganz unterschiedliche Stoffe verstanden. Selbst im Bereich der Baukalke gibt es keine einheitliche Definition für Kalk bzw. Kalkputzmörtel.

Herstellung:
- Brennen bei ca. 800 °C (Branntkalk)
- Versetzen des Branntkalkes mit Wasser (Löschen)
- ergibt Sumpfkalk oder Weißkalk

Bezeichnungen:
- Branntkalk (ungelöschter Kalk, bei 800 °C gebrannter Kalkstein oder Dolomit)
- Stückkalk (Branntkalk in Stücken)
- Sumpfkalk (mit einem Überschuss an Wasser versetzter Branntkalk, wird über längeren Zeitraum in sog. Sumpfgruben gelagert, sodass sich große, plattige Kristalle bilden, die sehr gute Elastizität ergeben)
- Kalkteig (plastischer Sumpfkalk)

- Kalkmilch (flüssiger Sumpfkalk oder aufgeschlämmter Weißkalk [Suspension])
- Weißkalk (mit einer genau bemessenen Menge an Wasser versetzter Branntkalk aus Kalkstein, frühere Bezeichnungen: gelöschter Kalk, Kalkhydrat, Weißkalkhydrat)
- Dolomitkalk (mit einer genau bemessenen Menge an Wasser versetzter Branntkalk aus Dolomit, frühere Bezeichnung: Dolomitkalkhydrat)
- natürlicher hydraulischer Kalk (bei 1.200 °C gebrannter Mergel)
- hydraulischer Kalk (Gemisch aus Zement und Kalkhydrat, kann auch Hochofenschlacke, Flugasche, Kalksteinmehl und/oder andere Zusätze enthalten)
- hochhydraulischer Kalk (Gemisch aus Zement und Kalkhydrat mit hoher Festigkeit)
- Luftkalk (Überbegriff für Weißkalk oder Dolomitkalk, erhärtet durch Reaktion mit dem Kohlendioxid [CO_2] der Luft [Carbonatisierung, carbonatische Bindung])
- Wasserkalk (umgangssprachliche Bezeichnung für hydraulischen Kalk, erhärtet überwiegend durch Reaktion mit Wasser [Hydratation, hydraulische Bindung])
- formulierter Kalk (Gemisch aus Kalk und Zement mit latent hydraulischen Zusätzen, Kalkstein und Hüttensand sowie geringen Zusätzen von Calciumsulfat [Gips, Anhydrit] und Silicastaub)
- Romankalk (auch Roman- oder Römerzement genannt, natürlicher hydraulischer Kalk mit sehr kurzer Abbindezeit, heute nur noch in der Denkmalpflege und vereinzelt im Wasserbau eingesetzt)

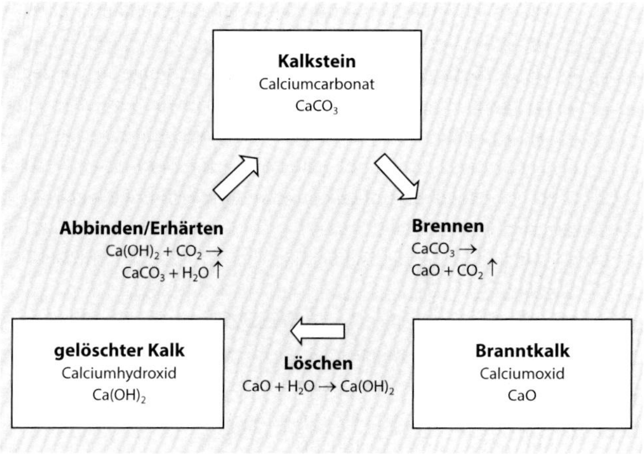

Abb. 1.3: Kreislauf des Kalkes

Hinweis

Früher hat man zum Löschen von Sumpfkalk statt Wasser oft feuchten Sand verwendet. Dabei blieben mitunter Kalkklümpchen übrig, die in historischen Putzen als sog. „Kalkspatzen" zu sehen sind.

Die Zugabe von Sumpfkalk zum Kalkputzmörtel verringert die Festigkeiten und die Frostbeständigkeit deutlich, sodass die Zugabe begrenzt sein muss.

„Kreislauf des Kalkes":

Beim Abbinden des gelöschten Kalkes

- durch Hydratation und Carbonatisierung
- erhärtet der Kalk wieder zu Kalkstein (Abb. 1.3).

carbonatische Bindung $Ca(OH)_2 + CO_2$ $\rightarrow CaCO_3 + H_2O$ Kalkhydrat + Kohlendioxid → Kalkstein + Wasser	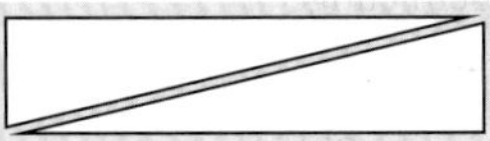		**hydraulische Bindung** $2\,(3\,CaO \cdot SiO_2) +$ $6\,H_2O$ $\rightarrow 3\,CaO \cdot 2\,SiO_2 \cdot$ $3\,H_2O + 3\,Ca(OH)_2$ Tricalciumsilikat + Wasser → Calciumsilikat-hydrat + Kalkhydrat	
Luftkalk	hydraulischer Kalk	Putz- und Mauerbinder	Kalk-zement	Zement
Sumpfkalk	Römerzement bzw. Romankalk, Trasskalk		Trasszement	

Abb. 1.4: Übergänge von Bindemitteln von carbonatischer zu hydraulischer Bindung

carbonatische und **hydraulische Bindung:**

- Hydraulische Kalke bilden eine Zwischenstufe zwischen Luftkalk und Zement.
- Die Übergänge sind je nach Zusammensetzung fließend (Abb. 1.4).

Regelwerke:

- früher DIN 1060-1 „Baukalk; Begriffe, Anforderungen, Lieferung, Überwachung“ (1995)
- heute
  - DIN EN 459-1 „Baukalk – Teil 1: Begriffe, Anforderungen und Konformitätskriterien“ (2010)
  - DIN EN 459-2 „Baukalk – Teil 2: Prüfverfahren“ (2010)
  - DIN EN 459-3 „Baukalk – Teil 3: Konformitätsbewertung“ (2011)

- Gegenüberstellung der heutigen und der früheren Bezeichnungen in Tabelle 1.2

Tabelle 1.2: Baukalkarten nach DIN EN 459-1 und DIN 1060-1

aktuelle Bezeichnung (DIN EN 459-1)	Kurzzeichen	frühere Bezeichnung (DIN 1060-1)
Weißkalk 90	CL 90	–
Weißkalk 80	CL 80	Weißkalkhydrat
Weißkalk 70	CL 70	Wasserkalkhydrat
Dolomitkalk 90-30	DL 90-30	Dolomitkalkhydrat
Dolomitkalk 90-5	DL 90-5	Dolomitkalkhydrat
Dolomitkalk 85-30	DL 85-30	Dolomitkalkhydrat
Dolomitkalk 80-5	DL 80-5	Dolomitkalkhydrat
natürlicher hydraulischer Kalk 2	NHL 2	hydraulischer Kalk
hydraulischer Kalk 2	HL 2	hydraulischer Kalk
natürlicher hydraulischer Kalk 3,5	NHL 3,5	hydraulischer Kalk
hydraulischer Kalk 3,5	HL 3,5	hydraulischer Kalk
natürlicher hydraulischer Kalk 5	NHL 5	hochhydraulischer Kalk
hydraulischer Kalk 5	HL 5	hochhydraulischer Kalk
formulierter Kalk 2	FL 2	formulierter Kalk
formulierter Kalk 3,5	FL 3,5	formulierter Kalk
formulierter Kalk 5	FL 5	formulierter Kalk

CL carbonatic lime
DL dolomitic lime
HL hydraulic lime
NHL natural hydraulic lime
FL formulated lime

Praxistipp

Hydraulische Kalke enthalten geringe Mengen an Chromat, das die sog. „Maurerkrätze" beim Kontakt mit der Haut hervorrufen kann. Diese Kalke müssen daher für die Handverarbeitung chromatreduziert sein.

Angabe auf den Gebinden: „Chromatarm gemäß TRGS 613/Giscode ZP 1" (Technische Regel für Gefahrstoffe 613/ Produktcode des Gefahrstoff-Informationssystems der Berufsgenossenschaft der Bauwirtschaft: ZP 1 = zementhaltige Produkte, chromatarm)

Zemente

Zement besteht aus
- Kalkstein,
- Ton und
- Mergel (natürliches Gemisch von Kalkstein und Ton).

Herstellung:
- Mahlen der Rohstoffe
- ggf. Pelletieren (Kugeln aus Rohmehl)
- Brennen bei 1.450 °C (ergibt Zementklinker)
- rasches Abkühlen
- Mahlen gemeinsam mit Verzögerer (Gips oder Anhydrit) und weiteren Komponenten

Festigkeitsklassen:
- 32,5 (Mindestdruckfestigkeit 32,5 N/mm^2 nach 28 Tagen, frühere Bezeichnung: 35)
- 42,5 (Mindestdruckfestigkeit 42,5 N/mm^2 nach 28 Tagen, frühere Bezeichnung: 45)

- 52,5 (Mindestdruckfestigkeit 52,5 N/mm² nach 28 Tagen, frühere Bezeichnung: 55)

Anfangsfestigkeiten:
- L (low, niedrige Anfangsfestigkeit)
- N (normal, normale/übliche Anfangsfestigkeit)
- R (rapid, hohe Anfangsfestigkeit)

Sonderzemente:
- VHL (sehr niedrige Hydratationswärme)
- HS (hoher Sulfatwiderstand)
- NA (niedriger wirksamer Alkalianteil)
- FE (frühes Erstarren)
- SE (schnelles Erstarren)
- HO (erhöhter Anteil an organischen Bestandteilen)

Weißzement:
- eisenoxidarmer Zement
- Abbindeverlauf und Festigkeitsentwicklung wie Portlandzement

Tonerdezement (früher Tonerdeschmelzzement):
- aluminatreicher Zement
- schnell abbindend
- geringe Festigkeit

Regelwerke:
- früher
  - DIN 1164-1 „Zement – Zusammensetzung, Anforderungen" (1994)
  - DIN 1164-2 „Zement – Übereinstimmungsnachweis" (1996)

- heute
  - DIN 1164-10 „Zement mit besonderen Eigenschaften – Teil 10: Zusammensetzung, Anforderungen und Übereinstimmungsnachweis von Zement mit niedrigem wirksamen Alkaligehalt“ (2013)
  - DIN 1164-11 „Zement mit besonderen Eigenschaften – Teil 11: Zusammensetzung, Anforderungen und Übereinstimmungsnachweis von Zement mit verkürztem Erstarren“ (2003)
  - DIN 1164-12 „Zement mit besonderen Eigenschaften – Teil 12: Zusammensetzung, Anforderungen und Übereinstimmungsnachweis von Zement mit einem erhöhten Anteil an organischen Bestandteilen“ (2005)
  - DIN EN 197-1 „Zement – Teil 1: Zusammensetzung, Anforderungen und Konformitätskriterien von Normalzement“ (2011)
  - DIN EN 197-2 „Zement – Teil 2: Konformitätsbewertung“ (2000)
- Gegenüberstellung der heutigen und der früheren Bezeichnungen in Tabelle 1.3

Tabelle 1.3: Zementarten nach DIN EN 197-1 und DIN 1164-1

Hauptart	aktuelle Bezeichnung (DIN EN 197-1)	Kurzzeichen	Hauptbestandteil neben Portlandzementklinker	frühere Bezeichnung (DIN 1164-1)
CEM I	Portlandzement	CEM I	–	Portlandzement PZ
CEM II	Portlandhüttenzement	CEM II/S	Hüttensand	Eisenportlandzement EPZ
	Portlandsilicastaubzement	CEM II/D	Silicastaub	
	Portlandpuzzolanzement	CEM II/P	natürliches Puzzolan	Trasszement TrZ
		CEM II/Q	künstliches Puzzolan	
	Portlandflugaschezement	CEM II/V	kieselsäurereiche Flugasche	
		CEM II/W	kalkreiche Flugasche	
	Portlandschieferzement	CEM II/T	gebrannter Schiefer	
	Portlandkalksteinzement	CEM II/L	Kalkstein	Kalksteinzement PKZ
		CEM II/LL	Kalkstein	Kalksteinzement PKZ
	Portlandkompositzement	CEM II/M	alle Hauptbestandteile möglich	
CEM III	Hochofenzement	CEM III	Hüttensand	Hochofenzement HOZ
CEM IV	Puzzolanzement	CEM IV	Silicastaub, natürliches/künstliches Puzzolan, kieselsäurereiche Flugasche	
CEM V	Kompositzement	CEM V	Hüttensand, natürliches/künstliches Puzzolan, kieselsäurereiche Flugasche	

CEM I	Portlandzement	Q	künstliches Puzzolan
CEM II	Portlandkompositzement	V	kieselsäurereiche Flugasche
CEM III	Hochofenzement	W	kalkreiche Flugasche
CEM IV	Puzzolanzement	T	gebrannter Schiefer
CEM V	Kompositzement	L	Kalkstein (bis 50 Masse-% TOC [total organic carbon, gesamter organischer Kohlenstoff])
S	Hüttensand		
D	Silicastaub	LL	Kalkstein (bis 20 Masse-% TOC)
P	natürliches Puzzolan	M	alle Hauptbestandteile möglich (S bis LL)

Hinweis

Für Putzmörtel können praktisch alle diese Zemente eingesetzt werden.

Praxistipp

Zement enthält rohstoffbedingt geringe Mengen an Chromat, das die sog. „Maurerkrätze“ beim Kontakt mit der Haut hervorrufen kann. Zemente für die Handverarbeitung müssen daher chromatreduziert sein (Hinweis auf den Gebinden:„Chromatarm gemäß TRGS 613/Giscode ZP 1“; siehe auch Praxistipp oben unter „Baukalke“).

Putz- und Mauerbinder

Das hydraulische Bindemittel besteht aus

- Portlandzement,
- Kalkhydrat,
- Gesteinsmehlen und
- Zusatzmitteln.

Herstellung:

- wird werkmäßig hergestellt
- auf der Baustelle mit Sand und Wasser gemischt

Regelwerke:

- DIN EN 413-1 „Putz- und Mauerbinder – Teil 1: Zusammensetzung, Anforderungen und Konformitätskriterien“ (2011)
- DIN EN 413-2 „Putz- und Mauerbinder – Teil 2: Prüfverfahren“ (2005)

1.3.1.2 Zuschläge

für Putzmörtel gebräuchliche

- mineralische Zuschläge
  - mit dichtem Gefüge: z. B. Natursand, Brechsand, Granulat
  - mit porigem Gefüge: z. B. Perlit, Blähton, geblähte Schmelzflüsse
- organische Zuschläge
  - mit dichtem Gefüge: z. B. Kunststoffgranulate
  - mit porigem Gefüge: z. B. geschäumte Kunststoffe

Der Zuschlag (heute meist Gesteinskörnung genannt) beeinflusst alle Putzeigenschaften entscheidend; Kriterien sind hierbei:

- Kornaufbau (Sieblinie),
- Kornform,
- Gehalt an Feinstbestandteilen (Mehlkorn),
- Gehalt an Verunreinigungen, die quellen, treiben oder verfärben können.

Gesteinskörnungen (Sande)

Für Putzmörtel eingesetzte Sande können bestehen aus

- Quarz,
- Gesteinsbruchstücken,
- Granulat.

Hinweis

Sand ist keine Material-, sondern eine Korngrößenbezeichnung.

Er liegt im Bereich zwischen 2 und 0,063 mm (Tabelle 1.4).

Tabelle 1.4: Korngrößeneinteilung

Bezeichnung	Korngröße	Durchmesser (mm)
Blöcke		> 200
Steine		63 bis 200
Kies	grob mittel fein	20 bis 63 6,3 bis 20 2 bis 6,3
Sand	grob mittel fein	0,63 bis 2 0,2 bis 0,63 0,063 bis 0,2
Schluff/Silt	grob mittel fein	0,02 bis 0,063 0,0063 bis 0,02 0,002 bis 0,0063
Ton	grob mittel fein	0,00063 bis 0,002 0,0002 bis 0,00063 < 0,0002

Regelwerke:

DIN EN 13139 „Gesteinskörnungen für Mörtel“ (2002)

Leichtzuschläge

Für Putzmörtel gebräuchliche Leichtzuschläge sind Granulate von

- Perlit,
- Bims (wurde bereits im Altertum verwendet),
- Vermiculit,
- Blähglas,
- Calciumsilikat,
- Blähschiefer,
- Blähton,
- Kork (nur für spezielle Anwendungen),
- Holzfasern (nur für spezielle Anwendungen),
- expandiertem Polystyrol (synthetisch hergestellt).

Hinweis

Leichtzuschläge werden hauptsächlich eingesetzt, um die wärmedämmenden Eigenschaften von Putzen zu verbessern.

Eigenschaften:

- hohes Porenvolumen
- geringe Rohdichte
- geringe Wärmeleitfähigkeit
- oft hohe Saugfähigkeit
- beeinflussen die Frostbeständigkeit sowie das Quell- und Schwindverhalten

Eigenschaften von **mineralischen** bzw. anorganischen Leichtzuschlägen:

- nicht brennbar (Baustoffklasse A1)
- frostbeständig
- wiederverwertbar

1.3.1.3 Zusatzstoffe

Für Putzmörtel gebräuchliche Zusatzstoffe sind

- latent hydraulische Stoffe (Puzzolane), z. B.
  - Trass,
  - Flugasche,
  - Glasmehl,
  - Hüttensand,
  - Ziegelmehl,
  - Silicastaub,
- Gesteinsmehle, z. B. Quarzmehl,
- Fasern, z. B.
  - früher Tierhaare, Asbest,
  - heute Glas- oder synthetische Fasern.

Latent hydraulische Stoffe (Puzzolane)

- reagieren nicht allein mit Wasser,
- benötigen zur Anregung Baukalk oder Zement,
- reagieren langsam mit dem Bindemittel,
- dienen teils als Füllstoff, teils als Bindemittel,
- steigern deutlich die Festigkeit von Kalkmörteln (war bereits in der Antike bekannt).

Trass

- ist gemahlener vulkanischer Tuff aus der Eifel oder aus Süddeutschland,
- ähnelt von der Zusammensetzung her dem Bims (ebenfalls vulkanischen Ursprungs),
- bindet mit alkalischen Stoffen (wie Kalk oder Zement) als Anreger sehr langsam ab (für die Reaktion ist Wasser über einen längeren Zeitraum erforderlich, langes Feuchthalten trasshaltiger Putze somit notwendig),
- erhöht die Elastizität (geringere Neigung des Putzes zur Rissbildung),
- verbessert die Verarbeitbarkeit,
- erhöht durch langsames Zuwachsen der Poren die Festigkeit, Dichtigkeit und Widerstandsfähigkeit des Putzes,
- wird meist in Form von Trasskalk oder Portlandpuzzolanzement angeboten, also bereits mit Weißkalk (etwa 1 : 1) bzw. Zement (etwa 3 : 1) gemischt.

Hinweis

Die Eigenschaften von Trass waren bereits im Altertum bekannt: fein gemahlene vulkanische Asche (Puzzolanerde) wurde mit Sand und Kalk gemischt, was einen Mörtel ergab, der relativ fest und widerstandsfähig gegen Wasser war.

Ähnliche Eigenschaften konnten auch mit Ziegelmehl erzielt werden.

Flugasche

- ist ein Rückstand von Verbrennungen in Wärmekraftwerken oder Müllverbrennungsanlagen,

- wird mit den Rauchgasen ausgetragen und mit Filtern von diesen getrennt,
- ist von der Zusammensetzung her mit natürlichem Trass vergleichbar,
- muss für den Einsatz als Zusatzstoff schadstofffrei sein,
- hat eine Teilchengröße zwischen 0,001 und 1 mm (Teilchen meist kugelförmig).

Arten von Flugasche:
- Steinkohlenflugasche (SFA, sehr gleichmäßige Zusammensetzung, wird im Bauwesen am häufigsten eingesetzt)
- Braunkohlenflugasche (BFA, stark schwankende Zusammensetzung)
- Elektro-Filterasche (EFA)

Silicastaub (Mikrosilica)
- fällt bei der Herstellung von metallischem Silicium an,
- hat ähnliche Eigenschaften wie Flugasche,
- bewirkt in Putzen eine Verringerung des Porenraumes, sodass die Putze besonders dicht werden.

Hinweis

Werden Flugasche oder Silicastaub für Beton verwendet, unterliegen sie der DIN EN 450-1 „Flugasche für Beton – Teil 1: Definition, Anforderungen und Konformitätskriterien“ (2012) und müssen eine allgemeine bauaufsichtliche Zulassung aufweisen. Für Putze ist dies nicht erforderlich.

Gesteinsmehle:
- fein gemahlene Gesteine (Korngröße unter 0,063 mm)
- meist aus Kalkstein, Dolomit, Marmor oder Quarz

- reagieren nicht mit den anderen Bestandteilen des Putzmörtels
- dienen als Füllstoff
- Einsatz von Mehlen aus vulkanischen Gesteinen („Urgesteinsmehl") eher zur Düngung oder Bodenverbesserung

1.3.1.4 Zusatzmittel

Für Putzmörtel eingesetzte Zusatzmittel
- dienen dazu, den Putzmörteln bestimmte Eigenschaften zu verleihen und
- sind heute meist organische Stoffe.

durch Zusatzmittel **beeinflussbare Putzmörteleigenschaften:**
- Luftgehalt
- Wasserrückhaltevermögen
- Konsistenz
- Elastizität
- Haftzugfestigkeit
- kapillare Wasseraufnahme
- Verarbeitbarkeitszeit (Verzögerung, Beschleunigung)
- Farbton

Hinweis

Nur bei Werkputzmörteln können Zusatzmittel gezielt, genau dosiert und homogen eingemischt werden. Bei Baustellenputzmörteln ist dies kaum möglich, sodass die gewünschten Eigenschaften hier nicht erreicht und oft sogar ins Gegenteil gekehrt werden.

Tabelle 1.5: Zusatzmittel für Putzmörtel

Putzmörteleigenschaft	Wirkung der Zusatzmittel	Wirkmechanismus
Luftgehalt	• bilden Luftporen • verbessern die Verarbeitungseigenschaften • verringern die Rohdichte • erhöhen die Frostbeständigkeit • erhöhen die Wasserdampfdurchlässigkeit • bilden Poren zur Salzeinlagerung	Veränderung der Oberflächenspannung des Anmachwassers
Wasserrückhaltevermögen	• verhindern das „Aufbrennen" durch zu frühe Wasserabgabe an den Untergrund • verbessern die Verarbeitungseigenschaften	physikalisches Binden von Anmachwasser im quellfähigen Zusatzmittel
Konsistenz	verhindern das Abrutschen vom Untergrund	physikalisches Binden von Anmachwasser im quellfähigen Zusatzmittel
Elastizität	verhindern die Rissbildung	Verbund und Bildung eines Bewehrungsgerüstes
Haftzugfestigkeit	verbessern das Haften auf dem Untergrund	Klebewirkung
kapillare Wasseraufnahme	verringern die kapillare Leitfähigkeit	Erhöhen der Oberflächenspannung in den Kapillaren
Verarbeitbarkeitszeit (Verzögerung)	verlängern die Verarbeitbarkeitszeit und die Abbindezeit	Verlangsamen der Bindemittelreaktion
Verarbeitbarkeitszeit (Beschleunigung)	verkürzen die Verarbeitbarkeitszeit und die Abbindezeit	Beschleunigen der Bindemittelreaktion und der Festigkeitsentwicklung

historische Zusatzmittel	heutige Zusatzmittel	Effekt bei Überdosierung
Blut	Tenside	• erhöhte Klebrigkeit • schlechte Verarbeitbarkeit
Holzfasern	Zellulose	• erhöhte Klebrigkeit • schlechte Verarbeitbarkeit • gestörte Abbindedauer und Erhärtung
• Bentonit • Stärke	Stärkeäther	• erhöhte Klebrigkeit • schlechte Verarbeitbarkeit
• Tierhaare • Stroh • Holzfasern	• Cellulosefasern • Glasfasern • Polymerfasern	schlechte Verarbeitbarkeit
• Quark • Kasein • Blut	Polymerdispersionen	• erhöhte Klebrigkeit • schlechte Verarbeitbarkeit
• tierische und pflanzliche Fette • Öle • Seifen	• Stearate • Oleate • Palmitate • Siliconharze	verringerte Endfestigkeit
• Gips • Zucker • Wein • Leimwasser • Borax • Eibischwurzel	• Fruchtsäuren • Phosphate • Silicofluoride • Saccharosen • Ligninsulfonate • Hydrogencarbonsäure	• beschleunigte Abbindezeit • Ausblühungen • Treiberscheinungen
Gips	• Chloride • Aluminate • Carbonate • Hydrogencarbonate	• zu geringe Endfestigkeit • Ausblühungen • Treiberscheinungen

Kombinationen von Zusatzmitteln:

- meist notwendig, um die erforderlichen Eigenschaften zu erreichen
- mitunter auch Kombination von Zusatzmitteln, die sich auf den ersten Blick widersprechen (siehe Beispiel)

Beispiel

Zum Einstellen der Abbindeeigenschaften wird oft eine Kombination aus Zitronensäure (Verzögerer) und Soda (Beschleuniger) verwendet. Diese beiden Stoffe ergänzen sich: Zitronensäure verzögert in der Anfangsphase und erlaubt so eine gute Verarbeitung, Soda bringt anschließend eine rasche Erhärtung.

historische Putzmörtel:

- Verwendung von Zusatzmitteln, die in ausreichendem Maße zur Verfügung standen, wie
  - Eiweißprodukte (Blut, Eier, Quark, Kasein)
  - Fettprodukte (Öl, Seife)
  - Holzkohle, Gips oder andere Minerale
- Einsatz der Zusatzmittel oftmals sogar als Opfergaben
- historische Zusatzmittel heute zum Teil nicht mehr verfügbar
- frühere Rezepturen dadurch kaum nachstellbar

Pigmente:

- Verteilung in der Bindemittelmatrix, dadurch Farbtonbestimmung
- früher Verwendung von Holzkohle, Mineralen, Gesteinsmehl, Ziegelmehl

- heute Verwendung anorganischer (mineralischer) und organischer Verbindungen
- bei Überdosierung „Ausbluten“ und Fleckenbildung möglich
- auch andere Eigenschaften durch Pigmente beeinflussbar, z. B.
  - Förderung der Carbonatisierung, Elastizität und Frostwiderstandsfähigkeit durch fein gemahlene Holzkohle
  - latent hydraulische Wirkung von gebrannter Siena-Erde oder Ziegelmehl

1.3.1.5 Anmachwasser

- nicht zu unterschätzender Einfluss auf die Putzeigenschaften
- insbesondere Einfluss der Temperatur auf die Abbindezeit und damit den Festigkeitsverlauf (siehe Kapitel 2.2.3.1)

im Wasser **gelöste Stoffe** (Wasserhärte):
- Beeinträchtigung der Luftporenbildung und damit der Festigkeit
- Effekte jedoch nicht gravierend (Berücksichtigung der Wasserzusammensetzung nicht erforderlich)

1.3.2 Zusammensetzung

1.3.2.1 Bindemittel und Zuschlag

- Gipsputzmörtel enthalten neben dem Baugips als Bindemittel meist noch Weißkalk (Kalkhydrat).
- Das Verhältnis von Bindemittel zu Zuschlag hängt von der gewünschten Dichte des Putzes ab.

- Kompakte Putze erfordern eine geringe Hohlräumigkeit (auch Haufwerksporigkeit genannt: Zwischenraum zwischen den Zuschlagkörnern).

Kornform des Zuschlags:
- Bei gedrungener Kornform
  - liegen die Zuschlagkörner dicht beieinander,
  - werden die Zuschlagkörner durch das Bindemittel gerade miteinander verklebt,
  - wird das Schwinden des Putzes verringert.
- Bei plattiger oder langkörniger Kornform
  - sind die Hohlräume größer und
  - die Hohlräume können durch Zusatzstoffe und Zusatzmittel verringert werden.

Sanierputze:
- besondere Belastungen der Putze durch Feuchtigkeit und Salze
- Widerstandsfähigkeit der Bindemittel und Zuschläge gegen Einflüsse aus dem Putzgrund erforderlich
- Einsatz nur von hydraulischen Bindemitteln und Zuschlägen, die nicht durch Feuchtigkeit und Salze angegriffen werden

Anforderungen an die **Zusammensetzung** von **Sanierputzen** gemäß WTA-Merkblatt 2-9-04/D (WTA, 2005, S. 4 bis 5): *„Sanierputzsysteme … müssen relativ schnell und dennoch sicher erhärten und trocknen. Um diese Anforderungen zu erfüllen, sind Sanierputze überwiegend hydraulisch gebunden. Kalkhydrat als wesentliche Bindemittelkomponente kann erfahrungsgemäß die Anforderungen an Sanierputze nicht erfüllen.*

Die überwiegende Verwendung von latent-hydraulischen Bindemitteln und puzzolanischen Stoffen, z. B. von Trassmehlen, ist problematisch, da für die sehr langsam ablaufende Abbindereaktion Wasser als Reaktionspartner nicht ausreichend lange zur Verfügung steht.“

Hinweis

Aus diesem Grund kann es „Luftkalk-Sanierputze“ oder „Trass-Sanierputze“ nicht geben, auch wenn solche manchmal gefordert und sogar angeboten werden.

1.3.2.2 Mörtelgruppen und Mischungsverhältnisse

- Bewährte Putzmörtelzusammensetzungen waren in DIN 18550-2 aufgeführt und in Mörtelgruppen unterteilt.
- Dieses System ist noch gebräuchlich.
- Die Mörtelgruppen wurden in die DIN V 18550 übernommen (Tabellen 1.6 und 1.7).
- DIN V 18550 unterscheidet bei der Mörtelgruppe IV nur noch Gipsmörtel und gipshaltige Mörtel (Mörtelgruppe P V nicht mehr aufgeführt).

Tabelle 1.6: Putzmörtel mit Kalk und Zement als Bindemittel nach DIN 18550-2 (nicht mehr in Kraft) und DIN V 18550 – Mischungsverhältnisse[1)]

Mörtelgruppe	Mörtelart	Luftkalkteig oder Wasserkalkteig	Luftkalkhydrat oder Wasserkalkhydrat
P I a	Luftkalkmörtel	1,0 (1,0)	–
		–	1,0 (1,0)
P I b	Wasserkalkmörtel	1,0 (1,0)	–
		–	1,0 (1,0)
P I c	Mörtel mit hydraulischem Kalk	–	–
P II a	Mörtel mit hochhydraulischem Kalk	–	–
	Mörtel mit Putz- und Mauerbinder	–	–
P II b	Kalkzementmörtel	1,5 (1,6)	–
		–	2,0 (0,8)
P III a	Zementmörtel mit Zusatz von Kalkhydrat	–	≤ 0,5 (≤ 0,1)
P III b	Zementmörtel ohne Zusatz von Kalkhydrat	–	–

1) Angaben in Raumteilen (l), Angaben in Masseteilen (kg) in Klammern; bei den Richtwerten wurde von einem Wassergehalt von 65 Masse-% im Kalkteig und von 2 bis 5 Masse-% im Sand ausgegangen.

2) mineralische Zuschläge mit dichtem Gefüge

hydraulischer Kalk	hochhydraulischer Kalk	Putz- und Mauerbinder	Zement	Sand[2)]
–	–	–	begrenzter Zusatz	3,5–4,5 (3,7–4,7)
–	–	–	begrenzter Zusatz	3,0–4,0 (7,8–10,6)
–	–	–	–	3,5–4,5 (3,7–4,7)
–	–	–	–	3,0–4,5 (7,8–11,7)
1,0 (1,0)	–	–	–	3,0–4,0 (5,8–7,4)
–	1,0 (1,0)	–	–	3,0–4,0 (3,9–5,3)
–	–	1,0 (1,0)	–	3,0–4,0 (3,9–5,3)
–	–	–	1,0 (1,0)	9,0–11,0 (9,8–11,9)
–	–	–	1,0 (1,0)	9,0–11,0 (9,8–11,9)
–	–	–	2,0 (1,0)	6,0–8,0 (3,3–4,5)
–	–	–	1,0 (1,0)	3,0–4,0 (3,3–4,4)

Tabelle 1.7: Putzmörtel mit Gips und Anhydrit als Bindemittel nach DIN 18550-2 (nicht mehr in Kraft) und DIN V 18550 – Mischungsverhältnisse[1)]

Mörtelgruppe	Mörtelart	Luftkalkteig oder Wasserkalkteig	Luftkalkhydrat oder Wasserkalkhydrat
P IV a	Gipsmörtel	–	in geringen Mengen
P IV b	Gipssandmörtel	–	in geringen Mengen
		–	in geringen Mengen
P IV c	Gipskalkmörtel	1,0 (1,0)	–
		1,0 (1,0)	–
		–	1,0 (1,0)
		–	1,0 (1,0)
P IV d	Kalkgipsmörtel	1,0 (1,0)	–
		1,0 (1,0)	–
		–	1,0 (1,0)
		–	1,0 (1,0)
P V a	Anhydritmörtel	–	–
P V b	Anhydritkalkmörtel	1,0 (1,0)	–
		–	1,5 (1,0)

1) Angaben in Raumteilen (l), Angaben in Masseteilen (kg) in Klammern; bei den Richtwerten wurde von einem Wassergehalt von 65 Masse-% im Kalkteig und von 2 bis 5 Masse-% im Sand ausgegangen.

2) mineralische Zuschläge mit dichtem Gefüge

Mischung aus Putz- und Stuckgips	Stuckgips	Putzgips	Anhydritbinder	Sand[2)]
1,0 (1,0)	–	–	–	–
1,0 (1,0)	1,0 (1,0)	–	–	1,0–3,0 (1,4–4,3)
–	–	1,0 (1,0)	–	1,0–3,0 (1,4–4,3)
0,5–1,0 (0,4–0,7)	0,5–1,0 (0,4–0,7)	–	–	3,0–4,0 (3,1–4,2)
–	–	1,0–2,0 (0,7–1,4)	–	3,0–4,0 (3,1–4,2)
0,5–1,0 (0,9–1,8)	0,5–1,0 (0,9–1,8)	–	–	3,0–4,0 (3,1–4,2)
–	–	1,0–2,0 (1,8–3,6)	–	3,0–4,0 (3,1–4,2)
0,1–0,2 (0,7–1,4)	0,1–0,2 (0,7–1,4)	–	–	3,0–4,0 (3,1–4,2)
–	–	0,2–0,5 (0,1–0,4)	–	3,0–4,0 (3,1–4,2)
0,1–0,2 (0,2–0,4)	0,1–0,2 (0,2–0,4)	–	–	3,0–4,0 (3,1–4,2)
–	–	0,2–0,5 (0,4–0,7)	–	3,0–4,0 (3,1–4,2)
–	–	–	1,0 (1,0)	≤ 2,5 (≤ 3,3)
–	–	–	3,0 (2,4)	12,0 (12,5)
–	–	–	3,0 (6,0)	12,0 (31,2)

1.4 Putzarten

1.4.1 Unterscheidungskriterien und technische Kennwerte

Unterscheidung nach Wirkungsweise, Zusammensetzung und Anwendung

Tabelle 1.8: Putzarten nach Wirkungsweise, Zusammensetzung und Anwendung

Wirkungsweise	Zusammensetzung	Anwendung
druckwasserdichte Putze	• Zementputze	• Außenabdichtung • Innenbeschichtung von Trinkwasserbehältern aus Stahlbeton • Bodenflächenabdichtung • Boden-Wand-Anschluss • nachträgliche Abdichtung
wasserhemmende Putze	• Zementputze • Zementkalkputze • Kalkzementputze • Trassputze • Wasserkalkputze mit Kalkzementputz als Unterputz oder Zusatzmitteln	• Renovierputze • Opferputze gegen Einflüsse von außen
kapillarwasserdichte, wasserabweisende Putze	• Zementputze • Kalkzementputze mit Zusatzmitteln	• Sanierputze • Oberputze

Tabelle 1.8: Fortsetzung

Wirkungsweise	Zusammensetzung	Anwendung
wasseraufnehmende Putze	• Luftkalkputze • Gipsputze • Lehmputze	• Opferputze gegen Einflüsse von innen (Kompressenputze) • Grundputze-WTA (Ausgleichsputze-WTA, Porengrundputze-WTA) • Antikondensputze
wärmedämmende Putze	• Kalkzementputze mit Leichtzuschlägen	• Leichtputze • Wärmedämmputze
schallhemmende Putze	• Zementputze • Kalkzementputze • Gipsputze jeweils mit Leichtzuschlägen	• Akustikputze
feuerhemmende Putze	• Zementputze • Kalkzementputze • Gipsputze zum Teil mit Leichtzuschlägen	• Brandschutzputze
Spezialputze (Putze zum Schutz vor Gefahren für die Gesundheit)	• Kalkzementputze mit Zuschlag Schwerspat • Gips- oder Lehmputze ggf. mit leitfähigen Zusatzstoffen	• Strahlenschutzputze • Abschirmputze

Unterscheidung nach Verarbeitungsweise und Aussehen

Putzarten nach **Verarbeitungsweise** und Oberflächenbearbeitung (alphabetisch, ohne Anspruch auf Vollständigkeit):

- Abrieb
- Besenwurfputz
- Besenzugputz
- Feinzug
- Filzputz
- Glättputz
- Kammputz
- Kammzugputz
- Kellenputz
- Kellenstrichputz
- Kellenwurfputz
- Kratzputz
- Modellierputz
- Nagelbrettputz
- Patschputz
- Pinselputz
- Rappputz
- Reibeputz
- Rollputz
- Scheibenputz
- Schlämmputz
- Sgraffito
- Spritzputz
- Stechputz
- Stempelputz
- Stockputz
- Streichputz

- Strukturputz
- Walzputz
- Waschputz
- Waschelputz

Putzarten nach **Aussehen** (alphabetisch, ohne Anspruch auf Vollständigkeit):

- Altdeutscher Putz
- Brandenburger Putz
- Erleweinputz
- Glattputz
- Klosterputz
- Landhausputz
- Madenputz
- Münchner Rauputz
- Nagelputz
- Nesselputz
- Nesterputz
- Quaderputz
- Raupenputz
- Riffelputz
- Rillenputz
- Rindenputz
- Rustikputz/Rustikalputz
- Steinputz
- Stuccolustro
- Verbandelungsputz
- Wellenputz
- Wurmputz
- Zierputz

Abb. 1.5: Verbandelungsputz an Schloss Stolzenfels am Rhein (Gesamteindruck)

Hinweis

Bei Putzarten nach ihrer Verarbeitungsweise oder ihrem Aussehen werden oft unterschiedliche Bezeichnungen für das gleiche Material verwendet.

Zur Unterscheidung von Putzmörteln nach DIN EN 998-1 siehe Kapitel 1.1 unter „Weitere Grundbegriffe“, dort: Putzmörtel.

Abb. 1.6: Verbandelungsputz an Schloss Stolzenfels am Rhein (Detail)

Beispiel

Nicht immer werden Putze vollflächig aufgetragen. Der **Verbandelungsputz** füllt nur die Fugen aus und lässt einen Großteil der Mauersteine sichtbar (Abb. 1.5 und 1.6).

Technische Kennwerte

Tabelle 1.9: Technische Kennwerte von Putzarten (Dettmering/ Kollmann, 2011)

Putzart	Trocken-rohdichte[1)] in kg/dm³	Biegezug-festigkeit[1)] in N/mm²	Druck-festigkeit[1)] in N/mm²	Haftzug-festigkeit[1)] in N/mm²
Zementputze	1,7–2,2	**2,0**–7,0	**6,0**–30,0	1,0–2,0
mineralische (starre) Dichtungsschlämmen	1,8–2,2	5,0–8,0	20,0–35,0	**0,5**–1,5
Grundputze-WTA	1,2–1,5	1,0–3,0	3,5–7,5	0,3–0,5
Sanierputze-WTA	0,9–**1,4**	1,0–2,0	**1,5–5,0**	0,2–0,4
Kalkzementputze	1,3–1,8	1,0–2,0	**1,5**–5,0	0,2–0,4
Kalkputze	1,2–1,6	0,5–1,0	**0,4**–3,0	0,1–0,2
Gipsputze	1,2–1,4	1,0–3,0	2,0–5,0	0,4–0,9
Lehmputze	1,4–1,8	1,0–2,0	0,5–3.0	0,1–0,2
Leichtputze	0,6–1,3	0,3–0,4	1,0–5,0	0,1–0,2
Wärmedämmputze	0,2–0,5	0,2–0,4	**0,4–2,5**	0,1–0,2

Fettdruck: durch Regelwerke festgelegte Grenzwerte
1) gemessen nach 28 Tagen
2) gemessen nach 90 Tagen
3) gemessen nach 24 Stunden
4) Ausgleichsputz-WTA
5) Porengrundputz-WTA

Elastizitätsmodul[1] in N/mm^2	Schwinden[2] in mm/m	Wasserdampfdiffusionswiderstandszahl μ	Luftporengehalt in Vol.-%	Wärmeleitfähigkeit in W/(m · K)	Wasseraufnahmekoeffizient w in kg/(m^2 · h^{0,5})	kapillare Wasseraufnahme[3] in kg/m^2
10.000–50.000	0,5–1,5	50–100	10–15	1,20–1,40	0,10–0,30	0,5–1,5
20.000–50.000	0,5–**2,5**	100–200	10–15	1,20–1,40	0,05–0,10	0,2–0,5
5.000–15.000	0,5–2,5	10–**18**	**35–45**[4] **45–55**[5]	0,40–0,80	0,20–0,40	**1,0**–2,0
5.000–15.000	0,5–2,0	6–**12**	**40**–55	0,30–0,60	0,06–0,40	**0,3**–1,8
6.000–40.000	0,5–2,0	10–20	10–20	0,90–1,20	0,20–0,40	1,0–2,0
2.000–12.000	0,4–0,8	9–15	20–30	0,80–1,20	5,00–20,00	25,0–50,0
5.000–15.000	0,1–0,2	8–12	15–25	0,30–0,90	3,00–15,00	20,0–40,0
1.000–3.000	0,3–0,5	6–10	20–30	0,40–0,80	10,00–20,00	50,0–80,0
1.000–5.000	0,5–1,0	5–10	30–40	0,10–0,20	0,10–0,20	0,5–1,0
< 1.000	0,5–1,0	5–10	60–70	0,06–**0,20**	2,00–5,00	5,0–10,0

1.4.2 Druckwasserdichte Putze

Aufgabe:
- Abdichten gegen Wasser
- bei Wasser, das einen hydrostatischen Druck ausübt

Einsatzbereiche:
hauptsächlich stark durch flüssiges Wasser beanspruchte Bereiche, wie
- Sockel
- Fundamente
- Wasserbecken
- Feuchträume

Abdichten von Bauwerken bzw. Bauteilen:
- im Neubau an der aktiven Seite (der dem Wasser zugewandten Seite)
- beim Bauen im Bestand oft nur von der Passivseite (Innenseite) her möglich

Zusammensetzung:
- Zementputze, die einen möglichst dichten Kornaufbau aufweisen
- nach DIN V 18550 Mörtelgruppe P III (siehe auch Kapitel 1.6, Tabelle 1.21)
- oft Zusätze, die die Dichtigkeit erhöhen

Wasserundurchlässigkeit von Zementputzen:
- keine Anforderungen der DIN EN 998-1, wird daher durch spezielle Prüfungen nachgewiesen
- Prüfung der Wasserdichtigkeit bei einem Druck von mindestens 1,5 bar (entspricht 15 m Wassersäule) über 28 Tage

Eigenschaften:

- 6 N/mm^2 Mindestdruckfestigkeit normgerechter Zementputze
- relativ starr
- wegen geringer Wasserdampfdurchlässigkeit praktisch mit allen Farbsystemen überstreichbar
- hohe Packungsdichte durch den Kornaufbau der Gesteinskörnung erreichbar (Wasserundurchlässigkeit)

Auftrag:

je nach Einsatzort und Putzgrund

- ein- oder zweilagig
- mit oder ohne Spritzbewurf (siehe Kapitel 2.2.1.2)

aufsteigende Feuchtigkeit:

- Beim Verputzen von durch aufsteigende Feuchtigkeit belastetem Mauerwerk mit einem dichten Zementputz wird das Wasser eingesperrt.
- Es wandert weiter nach oben in Bereiche, die zuvor nicht durchfeuchtet waren.
- Um dies zu vermeiden, ist Sanierputz zu verwenden (siehe Kapitel 1.4.8).

Innenbeschichtung von Trinkwasserbehältern aus Stahlbeton

- spezielles Einsatzgebiet für druckwasserdichte Zementputze (Abb. 1.7)
- Einsatz hierbei in erster Linie als Verschleißschicht (Beton bereits dicht)
- Wasserdichtigkeit der Zementputze dennoch wichtig, da bei ständig umspülten Beschichtungen eindringendes Wasser zur Hydrolyse des Zements und damit zum Aufweichen der Putze führen kann

Abb. 1.7: Mit weißem Zementputz beschichtete Trinkwasserkammer

Abb. 1.8: Ausbildung einer Hohlkehle am Anschluss vom Boden zur Wand mit Dichtungsschlämme und Zementputz

- deshalb nur sehr geringer Porenraum bei Zementputzen für Trinkwasserbehälter zulässig
- Anforderungen an die Hygiene erforderlich (Anforderungen der DVGW-Arbeitsblätter, siehe Kapitel 1.6.2):
  - keine Beeinträchtigung des Trinkwassers durch die Zementputze
  - kein Angriff der Zementputze durch das Trinkwasser

Bodenflächenabdichtung und Boden-Wand-Anschluss

Bodenflächenabdichtung:

- Ausbildung grundsätzlich wie eine durchgehende Wanne
- Anschluss der vertikalen Wandabdichtung an die horizontale Wandabdichtung

- Auflast auf der Abdichtung bei drückendem Wasser erforderlich
- Rundung der Kanten
- Ausbildung der Ecken hohlkehlenartig
- Überarbeiten der Übergänge

Boden-Wand-Anschluss:
- Ausbildung als Hohlkehle (Abb. 1.8)
- Vorstreichen mit rissüberbrückender Dichtungsschlämme (siehe Kapitel 1.5.2)
- Ausbildung der Hohlkehle aus wasserdichtem Zementputz mittels Flasche oder Kelle
- Überstreichen mit rissüberbrückender Dichtungsschlämme, Anschluss an die Flächenabdichtung

Hinweis

Alternativ kann statt der Hohlkehlenausbildung auch ein flexibles Fugenband eingearbeitet werden. Mit Fugenband können auch Bewegungsfugen und Anschlüsse überbrückt werden.

bei **Durchdringen von Wasser** durch den Boden-Wand-Anschluss:
- Anbringen einer Sperrhohlkehle durch
  - Aufflexen oder Aufstemmen des Anschlusses in einigen Zentimetern Tiefe
  - Vorstreichen dieser Nut mit rissüberbrückender Dichtungsschlämme
- Ausbildung der Hohlkehle wie oben beschrieben

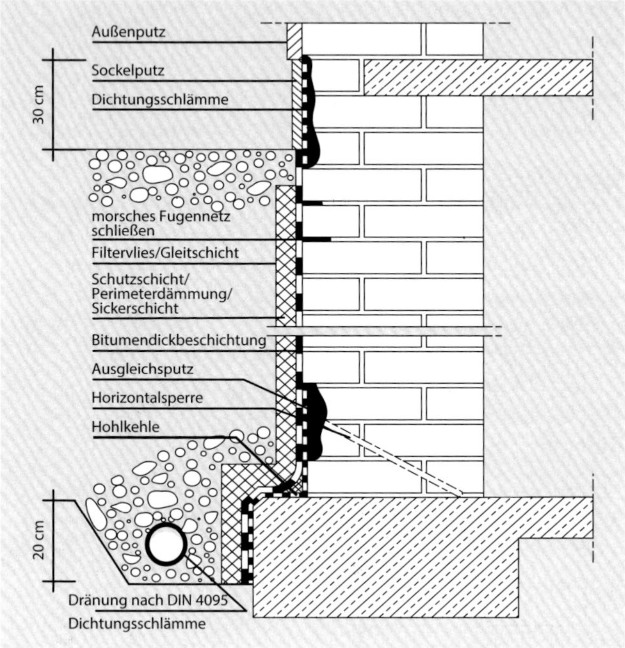

Abb. 1.9: Schematische Darstellung einer nachträglichen Außenabdichtung (Quelle: WTA-Merkblatt 4-6-05/D [WTA, 2005, S. 17])

Nachträgliche Abdichtung

nachträgliche Außen- und Innenabdichtung (Abb. 1.9 und 1.10):

- Verwendung von Zementputz als Ausgleichsputz und Sockelputz

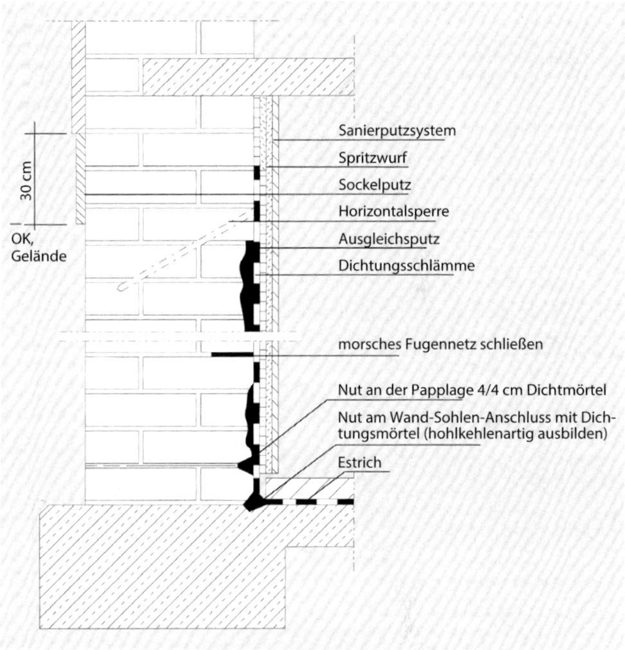

Abb. 1.10: Schematische Darstellung einer nachträglichen Innenabdichtung (Quelle: WTA-Merkblatt 4-6-05/D [WTA, 2005, S. 19])

- statt der in Abb. 1.9 angegebenen Bitumendickbeschichtung auch Einsatz mineralischer Dichtungsschlämmen möglich
- mineralische Dichtungsschlämmen unbedingt erforderlich, wenn darauf ein Putz aufgetragen wird
- bei Putzauftrag Einwurf eines Spritzbewurfs in die zweite, noch frische Lage der Dichtungsschlämme

1.4.3 Wasserhemmende Putze

Definition

Als wasserhemmend gelten Putze, die einen Wasseraufnahmekoeffizienten von $\leq 2{,}0\ \mathrm{kg/(m^2 \cdot h^{0,5})}$ aufweisen.

Aufgabe:
- deutliche Reduzierung der Wasseraufnahme des Putzgrundes
- dienen nicht zur Bauwerksabdichtung

Einsatzbereiche:
- im Außenbereich als Regenschutz
- im Innenbereich in Feuchträumen (auch unter Fliesen und Platten)

Zusammensetzung:
- Zementputze
- Zementkalkputze und Kalkzementputze
- Trassputze
- Wasserkalkputze

Anwendung als
- Renovierputze
- Opferputze gegen Einflüsse von außen

Zementputze, Zementkalkputze und Kalkzementputze

Zementputze:
- Bezeichnung als wasserhemmend und wasserabweisend
- 6 $\mathrm{N/mm^2}$ Mindestdruckfestigkeit normgerechter Zementputze
- Mörtelgruppe P III nach DIN V 18550

Zementkalkputze und **Kalkzementputze:**

- Zusammensetzung aus Zement und Baukalk als Bindemittel, Sand als Zuschlag
- ähnlich zusammengesetzt wie Zementputze, aber nicht so hoch belastbar
- ähnliche Einsatzbereiche wie Zementputze, aber nicht zur Außenabdichtung gegen drückendes Wasser oder im Sockelbereich
- grundsätzlich wasserhemmend, Zusatzmittel erforderlich, wenn sie zusätzlich wasserabweisend sein sollen

Trassputze und Wasserkalkputze

Trassputze sind Werkputzmörtel und enthalten

- Trasskalk oder
- Portlandpuzzolanzement.

Trasskalk besteht aus

- Weißkalk und
- Trass (bis 55 Masse-%).

Portlandpuzzolanzement (Trasszement) besteht aus

- Portlandzementklinker und
- Trass (20 bis 40 Masse-%).

Festigkeit:

- hohe Anfangsfestigkeit im Vergleich zu reinen Kalkputzen
- weitere Festigkeitsentwicklung nur sehr langsam (kann mehrere Monate bis Jahre dauern)
- dadurch Auffangen von Spannungen aus dem Untergrund und Ausheilung von Mikrorissen möglich

- Wasser zum Abbinden und für Festigkeitsentwicklung erforderlich, langes Feuchthalten der Putze (mindesten 4 Wochen lang) daher notwendig
- am Ende Druckfestigkeit und Dichtigkeit wie Zementputze

Hinweis

Trasskalkputze werden oft in der Denkmalpflege und zur Bauwerksanierung empfohlen, weil sie angeblich zementfrei sind. Bei der Reaktion von Trass, Wasser und Kalk entstehen jedoch Verbindungen, die auch im Zement vorkommen.

Wasserkalkputze:
wasserhemmende Wirkung nur bei
- Kombination mit einem Kalkzementputz als Unterputz oder
- Zusatzmitteln zur Verminderung der Wasseraufnahme

Renovierputze und Opferputze gegen Einflüsse von außen

Renovierputze:
- Einsatz zum dünnschichtigen Überzug alter, geschädigter Putzfassaden
- enthalten Bewehrungsfasern und Kunststoffzusätze, um sie haftfester und flexibler zu machen
- zur Rissinstandsetzung Einbettung einer vollflächigen Bewehrung zweckmäßig

Opferputze
- werden nach 6 Monaten bis 2 Jahren wieder entfernt („geopfert“),
- sollen den Untergrund für einen bestimmten Zeitraum vor schädlichen Einflüssen schützen (OP-A, nehmen kein oder nur wenig Wasser auf),

Tabelle 1.10: Anforderungen an Opferputze gegen Einflüsse von außen (OP-A) gemäß WTA-Merkblatt 2-10-06/D (WTA, 2006)

Eigenschaft	Maßeinheit	OP-A-PT	OP-A-PS	OP-A-PM
Porosität	Vol.-%	> 50 > UG	k. A.	k. A.
Rohdichte	kg/cm^3	≤ 1,2	k. A.	k. A.
Wasserdampfdiffusionswiderstandszahl μ	–	< 15	< 15	k. A.
Wasseraufnahmekoeffizient w	$kg/(m^2 \cdot h^{0,5})$	< 1 ≤ UG	< 0,5 ≤ UG	≤ UG
Druckfestigkeit	N/mm^2	< 5 < UG	< 5 < UG	7 bis 10 < UG
Haftzugfestigkeit	N/mm^2	< UG	< UG	< UG
Elastizitätsmodul	kN/mm^2	< 5 < UG	< 5 < UG	< 10
Mindestschichtdicke	mm	15	15	20
Austrocknungsverhalten	$kg/(m^2 \cdot d)$ $l/(m^2 \cdot d)$	> 1	k. A.	k. A.
Wärmeleitfähigkeit	$W/(m \cdot K)$	≤ UG	k. A.	k. A.

k. A. keine Anforderungen
UG Untergrund

- sollen Mauerwerk, Altputz oder Bauteilen Salz und Feuchtigkeit entziehen (OP-I, wasseraufnehmend, siehe Kapitel 1.4.5).

Anwendung von Opferputzen **gegen Einflüsse von außen** (OP-A):

als Pufferschicht gegen

- hygrothermische Einflüsse, wie Temperatur- und Feuchtigkeitswechsel (OP-A-PT)
- Schadstoffe, z. B. aus Umweltbelastungen (OP-A-PS)
- mechanische Einwirkungen und Beschädigungen (OP-A-PM)

1.4.4 Kapillarwasserdichte und wasserabweisende Putze

Definition

Als wasserabweisend gelten Putze, die einen Wasseraufnahmekoeffizienten von $\leq 0{,}5\ kg/(m^2 \cdot h^{0{,}5})$ aufweisen.

Aufgabe:
Vermeidung einer Durchfeuchtung
- des Putzes und
- des darunter liegenden Mauerwerks

Zusammensetzung:
- reine Zementputze der Mörtelgruppe P III nach DIN V 18550
- Kalkzementputze mit Zusatzmitteln

Hydrophobierung:
- gleichzeitige Verringerung des kapillaren Wassertransports
- daher wasserabweisend und kapillarwasserdicht
- wasserabweisende Wirkung durch Zusatzmittel bei Kalkzementputzen

Anwendung als
- Sanierputze (Einsatz nicht allein, sondern im System mit nicht wasserabweisenden Grundputzen und wasserabweisenden Oberputzen bzw. Deckschichten, siehe daher Kapitel 1.4.8)
- Oberputze

Definition

Oberputze nach DIN V 18550, Abschnitt 6.1:
„Eine Putzlage wird in einem Arbeitsgang durch eine oder mehrere Schichten des gleichen Mörtels bzw. des Beschichtungsstoffes (einschließlich des erforderlichen Grundanstrichs) hergestellt. Es gibt ein- und mehrlagige Putze. Untere Lagen werden Unterputz, die oberste Lage wird Oberputz genannt."

Eigenschaften von Oberputzen:
- geringere Druckfestigkeit als Unterputze, um das Festigkeitsgefälle zu wahren (Putzregel „weich auf hart")
- für den Außenbereich Anforderung an wasserhemmende oder wasserabweisende Eigenschaft möglich
- in der Altbausanierung Anpassung der Eigenschaften und des Erscheinungsbildes an den vorhandenen Altputz erforderlich

dekorative Oberputze (Edelputze):
- Werkputzmörtel in verschiedenen Strukturen, Korngrößen und Farbtönen
- zur Verarbeitung siehe Kapitel 2.2.5.1

Hinweis

Die als Oberputze eingesetzten Kunstharzputze werden im Kapitel 1.5.3 behandelt (zu Systemen mit Oberputzen nach DIN V 18550 für den Außen- und Innenbereich siehe Kapitel 1.4.8).

1.4.5 Wasseraufnehmende Putze

Definition

Putze, deren Wasseraufnahmekoeffizient > 2,0 kg/($m^2 \cdot h^{0,5}$) ist, sind weder wasserabweisend noch wasserhemmend, sondern wasseraufnehmend.

Einsatzbereiche:
- allein nur im Innenbereich (kein Regenschutz)
- im Außenbereich in Kombination mit wasserhemmendem oder wasserabweisendem Farbanstrich möglich

Eigenschaft Wasseraufnahme:
- Wasser wird angesaugt.
- Diese Eigenschaft ist nicht unbedingt ein Nachteil, sondern für manche Putze Voraussetzung für ihre Funktion (z. B. für Grundputze im Sanierputzsystem).

Zusammensetzung:
- Luftkalkputze
- Gipsputze
- Lehmputze

Anwendung als
- Opferputze gegen Einflüsse von innen (Kompressenputze)
- Grundputze-WTA
- Antikondensputze

Luftkalkputze und Gipsputze

Kalkputze:
- sehr unterschiedliche Zusammensetzung
- sehr unterschiedliche Eigenschaften

- durch die Wahl der Baukalkart Festigkeit stark beeinflussbar
- Einsatzmöglichkeiten und Einsatzgrenzen entscheidend von der zu erwartenden Belastung durch Wasser abhängig

Luftkalkputze:
- Weißkalk als Bindemittel
- durch Zugabe von Puzzolanen Festigkeit deutlich steigerbar
- besonders hohe kapillare Aktivität
- Lebensdauer bei größerer Feuchtebelastung eingeschränkt (häufig Fleckenbildungen auf Fassadenflächen)
- wasserhemmender Farbanstrich im Außenbereich zwingend erforderlich
- Einsatz als Kompressenputz nur bei ausreichend porösem Festmörtel möglich (Aufnahme der Salze aus dem Mauerwerk erforderlich)

Trocknungsblockade bei Luftkalkputzen:
- Salze kristallisieren an der Grenzfläche zwischen Mauerwerk und Luftkalkputz.
- Die salzhaltige Lösung kann den Putz nicht durchdringen.
- Eine Sperrschicht bildet sich.
- Der Luftkalkputz wird schließlich von den Salzen abgesprengt.

Gipsputze:
- Eine länger andauernde Durchfeuchtung sollte vermieden werden (Wasserlöslichkeit des Gipses).
- Darauf ist insbesondere dann zu achten, wenn der Gips Kontakt zu Zement (Beton, Zementkleber) oder hydraulischem Kalk hat.
- Sonst kann es zu Treiberscheinungen durch die Bildung von Ettringit kommen („Zementbazillus").

Einsatzbereiche von Gipsputzen:

- kein Einsatz im Außenbereich (auch nicht mit schützendem Farbanstrich)
- im Innenbereich Beitrag zur Regulierung des Raumklimas durch Aufnahme von Oberflächenfeuchtigkeit (Kondenswasser) und Wiederabgabe bei niedrigerer Luftfeuchtigkeit
- jedoch kein Einsatz als Antikondensputz möglich, da Wasserabgabe relativ langsam

Lehmputze

Bestandteile:

- Lehm
- Quarz- oder Gesteinssand
- ggf. Leichtzuschläge
- ggf. Pflanzenfasern (Weichholzspäne, Strohhäcksel)

Beeinflussung der Eigenschaften:

- Das Abmagern mit Sand und die Zugabe von Pflanzenfasern verringern die Rissanfälligkeit.
- Soll der Lehmputz auch wärmedämmende Eigenschaften haben, werden ihm Leichtzuschläge zugemischt.
- Dekorative Lehmfeinputze oder Lehmdekorputze enthalten außerdem farbige Sande, Erdpigmente oder Glimmer.

Vorteile:

- hoch sorptionsfähig
- raumklimaregulierend
- wärmespeichernd
- gut wasserdampfdurchlässig
- geruchsbindend

- recyclebar
- alter Lehmputz mit gröberem Strohhäcksel bei Mischen mit neuem Lehmputz wiederverwendbar

auf fast alle **Untergründe** auftragbar:
- Natursteine
- Ziegel
- Lehmbausteine
- Bimsbeton, Porenbeton, Leichtbausteine
- raue Betonoberflächen
- Kalkputze, Kalkzementputze, Gipsputze, Lehmputze
- Holzwolle-Leichtbauplatten
- Schilfrohrdämmplatten
- Gipsbauplatten und andere mineralisch gebundene Bauplatten
- verklammerungsfähige Holzkonstruktionen
- Wandflächenheizungen

zum **Überarbeiten** geeignet (da Lehmputze relativ weich sind):
- Kalkputze
- Gipsputze
- Kalkfarbe
- Kaseinfarbe

Folgen der hohen **Wasseraufnahme:**
- Lehmputze können im Außenbereich nur dann eingesetzt werden, wenn sie durch einen Putz oder einen Farbanstrich geschützt werden.
- Aufgenommenes Wasser kann vom Ton eingelagert werden.
- Dies führt zunächst zum Quellen und beim Trocknen zum Schwinden.

- Lehmputze verlieren dadurch ihre Festigkeit.
- Bei längerer Durchfeuchtung ist auch Schimmelpilzbildung auf der Putzoberfläche möglich, da Lehmputze nicht alkalisch sind und oft organische Bestandteile enthalten.

Lehmkalkmörtel oder **Lehmgipsmörtel**:

- Diese Mörtel werden als Lehmputze angeboten.
- Lehm dient hier jedoch nicht als Bindemittel, sondern als Füllstoff und färbende Komponente.
- Sie ähneln in Eigenschaften und Verarbeitung daher eher den Kalk- bzw. Gipsputzen.

Opferputze gegen Einflüsse von innen (Kompressenputze)

Aufgaben und **Eigenschaften:**

- dienen dazu, Mauerwerk, Altputz oder Bauteilen Salz und Feuchtigkeit zu entziehen
- reine Verschleißschichten
- geringe Festigkeit (Entfernung ohne Beschädigung des Putzgrundes nach Anreichung der Salze im Putz)
- leicht, porös und wasseraufnehmend, damit Salze an die Oberfläche transportiert werden können

Anwendung von Opferputzen **gegen Einflüsse von innen** (OP-I):

- zur Einlagerung großer Salzmengen (OP-I-Salz, Kompressenputz)
- zum Auftrag auf kurzzeitig stark durchfeuchtete Untergründe (OP-I-Feuchte)

Tabelle 1.11: Anforderungen an Opferputze gegen Einflüsse von innen (OP-I) gemäß WTA-Merkblatt 2-10-06/D (WTA, 2006)

Eigenschaft	Maßeinheit	OP-I-Salz	OP-I-Feuchte
Porosität	Vol.-%	> 60 > UG	> 40 > UG
Rohdichte	kg/cm^3	≤ 1.000	k. A.
Wasserdampfdiffusions-widerstandszahl μ	–	< 10	< 15
Wasseraufnahme-koeffizient w	$kg/(m^2 \cdot h^{0,5})$	> 1	> 1
Druckfestigkeit	N/mm^2	< 5	< 5 < UG
Haftzugfestigkeit	N/mm^2	0,05 bis 0,5 < 50 % UG	0,05 bis 0,5 < 50 % UG
Elastizitätsmodul	kN/mm^2	< UG	< UG
Mindestschichtdicke	mm	k. A.	k. A.
Austrocknungsverhalten	$kg/(m^2 \cdot d)$ $l/(m^2 \cdot d)$	1	2
Wärmeleitfähigkeit	$W/(m \cdot K)$	k. A.	k. A.

k. A. keine Anforderungen
UG Untergrund

Salzreduktion bei Mauerwerk oder Putz:

- Kompressen aus Zellstoff können relativ große Mengen an Salzen einlagern.
- Bei größeren Flächen können zellstoffreiche Putze (Kompressenputze) diese Aufgabe übernehmen.

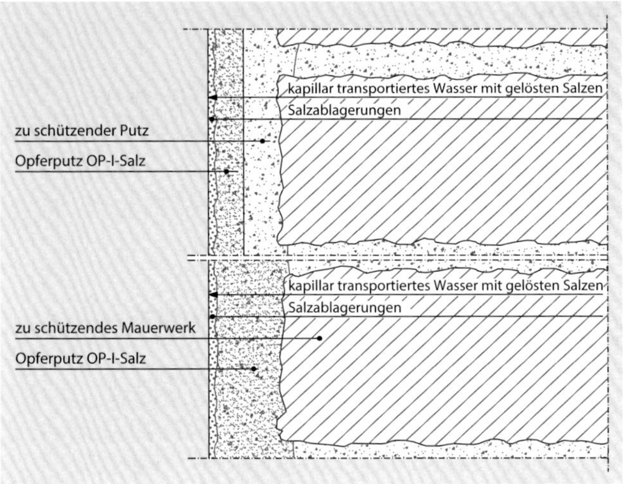

Abb. 1.11: Wirkprinzip eines Kompressenputzes (Quelle: Praxis-Handbuch Bautenschutz [Appel u. v. a., 2012, S. 177])

Prinzip der Salzreduktion mit einem **Kompressenputz** (Abb. 1.11):

- Das Wasser mit den gelösten Salzen wird vom Kompressenputz aus dem Mauerwerk angesaugt.
- Das Wasser verdampft an der Putzoberfläche.
- Dort kristallisieren die Salze.
- Schließlich wird der Kompressenputz zusammen mit den aufgenommenen Salzen entfernt.
- Dieser Vorgang kann wiederholt werden, bis die gewünschte Salzreduktion erreicht ist.

Hinweis

Opferputze, die Mauerwerk, Altputz oder Bauteile für einen bestimmten Zeitraum vor schädlichen äußeren Einflüssen schützen sollen (OP-A), sind nicht wasseraufnehmend (siehe Kapitel 1.4.3).

Grundputze-WTA

- Wird ein durchfeuchtetes und salzbelastetes Mauerwerk mit einem wasseraufnehmenden Putz neu verputzt, wird dieser Putz schon bald von der Feuchtigkeit durchdrungen.
- Salze gelangen mit der Feuchtigkeit an die Putzoberfläche und kristallisieren dort, Schäden treten erneut auf.
- In diesem Fall muss mit einem Sanierputzsystem gearbeitet werden.
- Im Sanierputzsystem werden wasseraufnehmende und wasserabweisende Putze sinnvoll miteinander kombiniert.

Grundputze im Sanierputzsystem:
- Die Grundputze müssen Wasser bzw. Salzlösungen aus dem Mauerwerk aufnehmen können.
- Das salzhaltige Wasser wird so an den Sanierputz weitergeleitet.
- Dort kann es verdampfen und dabei die Salze gezielt zurücklassen (ausführlich zu Sanierputzsystemen siehe Kapitel 1.4.8).

Grundputze sind
- **Ausgleichsputze** zur Egalisierung des Untergrundes oder
- **Porengrundputze**, die sehr porenreich sind und vermehrt Salze aufnehmen können.

Bezeichnung:
Grundputze und Sanierputze, die nach dem WTA-Merkblatt 2-9-04/D (WTA, 2005) geprüft wurden und alle Anforderungen erfüllen, werden bezeichnet als

- Grundputze-WTA bzw.
- Sanierputze-WTA.

Antikondensputze

Bestandteile:

- hydraulische Bindemittel (Zement, hydraulischer Kalk)
- Leichtzuschläge (Perlit, Blähglas, Calciumsilikatgranulat)

Auftrag:

- mehrlagig in mindestens 20 mm Gesamtschichtdicke
- keine Überarbeitung mit Farbanstrichen oder sonstigen Beschichtungen (beeinträchtigen die Wasseraufnahme)

Wirkprinzip:

- Hohe Luftfeuchtigkeit in Wohnräumen (durch unzureichende Wärmedämmung oder das Nutzerverhalten) schlägt sich an kühlen Wandbereichen (Wärmebrücken) als Wasserdampf nieder.
- In solchen Bereichen kann es zu Schimmelpilzbildung kommen.
- Oft können Wärmedämm-Maßnahmen von außen nachträglich nicht mehr durchgeführt werden.
- Durch einen Antikondensputz lässt sich die Situation jedoch beheben oder zumindest verbessern.
- Antikondensputze verhindern das Kondensieren von Wasserdampf auf der Wandoberfläche.

- Sie nehmen das Wasser auf und geben es wieder ab, sobald das Raumklima dies erlaubt.

Hinweis

Wirkungsvoller als Antikondensputze sind Platten auf Calciumsilikatbasis (hohe Sorptionsfähigkeit, rasche Aufnahme und Wiederabgabe der Feuchtigkeit).

Sanierputze werden oft als Antikondensputze vorgeschlagen. Sie besitzen zwar ebenfalls ein hohes Porenvolumen, sind aber wasserabweisend. Die kondensierte Feuchtigkeit bleibt somit an der Oberfläche stehen (Gefahr der Schimmelpilzbildung).

Sanierputze sind **keine Antikondensputze!**

1.4.6 Wärmedämmende Putze

Zusammensetzung:
Kalkzementputze mit Leichtzuschlägen

Anwendung als
- Leichtputze
- Wärmedämmputze

wärmedämmende Eigenschaften:
- grundsätzlich bei allen Putzen mit Leichtzuschlägen oder einer hohen Porosität vorhanden
- nur bei Leichtputzen und Wärmedämmputzen hoch genug für den Einsatz bei wärmedämmenden Maßnahmen

Leichtputze und **Wärmedämmputze**
- müssen mit Oberputzen überarbeitet werden und

- sind in DIN EN 998-1 als Leichtputzmörtel (LW) bzw. Wärmedämmputzmörtel (T) geregelt.

Leichtputze

Einsatzbereiche:

Verputzen hochwärmender Wände aus

- Leichtziegeln
- Porenbeton
- Leichtbausteinen

Leichtzuschläge:

- anorganisch, mineralisch (Perlit, Blähton, Blähglas u. a.)
- organisch, synthetisch (expandiertes Polystyrol u. a.)

Eigenschaften:

- wasserabweisende Eigenschaften (durch Zusatzmittel)
- hohe Elastizität (durch Zusatzmittel)
- geringe Wärmeausdehnung (durch Zusatzmittel)
- Druckfestigkeit zwischen 2,5 und 5,0 N/mm^2 (damit abgestimmt auf den meist wenig druckfesten Putzgrund)
- technische Eigenschaften im Wesentlichen denen von Wärmedämmputzen entsprechend; Wärmeleitfähigkeit und Festigkeiten jedoch höher

Wärmedämmputze

Einsatzbereiche:

- Fassaden, um die Wärmedämmeigenschaften des Wandaufbaus zu erreichen oder zu verbessern (in erster Linie im Altbaubereich)
- Instandsetzung von Fachwerk
- vollflächige Instandsetzung gerissener Putze

Wärmedämmputze sind Werkputzmörtel aus
- Zement als Bindemittel (für den Innenbereich auch Lehm) und
- Leichtzuschlägen.

Leichtzuschläge:
- anorganisch, mineralisch (z. B. Perlit, Vermiculit, Kieselgur, Schlacken, Schaumglas)
- organisch (z. B. Kork, Hanf, Zellstoff)
- synthetisch (z. B. Kunststoffhartschäume aus Polystyrol, Polyurethan, Phenolharz)

Eigenschaften:
- mineralisch gebunden
- sehr leicht
- niedrige Wärmeleitfähigkeit von
  - $\leq$ 0,10 W/(m · K) für normgerechte Wärmedämmputze
  - $\leq$ 0,20 W/(m · K) zum Verputzen von Bauteilen, an die wärmeschutztechnische Anforderungen gestellt werden
- gut wasserdampfdurchlässig
- relativ elastisch und unempfindlich gegen Spannungen
- Baustoffklasse
  - B1 (schwer entflammbar) bei organischen Leichtzuschlägen
  - A1 (nicht brennbar) bei mineralischen Leichtzuschlägen und weniger als 1 Masse-% organischen Leichtzuschlägen

Auftrag:
- meist in Verbindung mit einem Putzträger oder einem Spritzbewurf
- hohlraumfrei und nahtlos (Vorteil gegenüber Dämmplatten)
- Schutz durch einen in der Festigkeit abgestimmten, wasserabweisenden Oberputz erforderlich

Oberputze auf Wärmedämmputzen:

- dickschichtige Putze (z. B. Kratzputze) oder
- Zwischenlagen mit Bewehrungsgewebe und dünnschichtige Putze (z. B. Struktur- oder Rauputze)

Abstimmung von Oberputzen und Wärmedämmputzen:

- Herkömmliche Oberputze sind deutlich härter als Wärmedämmputze (Festigkeitsgefälle damit nicht gegeben).
- Zum Überarbeiten von Wärmedämmputzen müssen daher Oberputze verwendet werden, deren Druckfestigkeit und Schichtdicke nicht zu hoch sind.
- Die Druckfestigkeit des Oberputzes darf höchstens achtmal größer als die des Wärmedämmputzes sein (Grenze bei etwa 2 N/mm^2).

Hinweis

> Werden von einem Hersteller Oberputze im System angeboten, so ist davon auszugehen, dass er entsprechende Eignungsprüfungen bezüglich der Druckfestigkeit durchgeführt hat (zu Wärmedämmputzsystemen siehe Kapitel 1.4.8).

Wärmedämmputze zur **Innendämmung:**

- Der Taupunkt wird Richtung Innenseite des Gebäudes verschoben.
- Berechnungen des wärme- und feuchtetechnischen Verhaltens der Wand können klären, ob dies ein Problem ist.
- Vorteile bestehen darin, dass
  - wenig genutzte Räume schnell aufgeheizt werden können,
  - die Gefahr der Schimmelpilzbildung an kalten Wandbereichen gemindert oder ausgeschlossen wird.

1.4.7 Schallhemmende und feuerhemmende Putze

Schallhemmende Putze

Zusammensetzung:
- Zementputze
- Kalkzementputze
- Gipsputze

jeweils mit Leichtzuschlägen

Anwendung als
Akustikputze

Einsatzbereiche:
- Räume, in denen durch schallschutztechnische Maßnahmen der Schallpegel niedrig gehalten werden muss
- insbesondere Räume mit Publikumsverkehr
- meist nur in geschützten Bereichen (Decken), da Akustikputze relativ weich sind und leicht beschädigt werden können

Akustikputze sind
- poröse Werkputzmörtel aus
  - Gips, Kalk oder Zement als Bindemittel,
  - Leichtzuschlägen;
- flüssige Produkte aus
  - Silikat-Bindemitteln,
  - Leichtzuschlägen.

Schallabsorption:
- Die poröse Oberfläche schluckt die auftreffenden Schallwellen.
- Daher dürfen Akustikputze nicht mit Farbanstrichen überarbeitet werden (verschließen die Poren).

Verwendung von Akustikputzen:

- allein in einer oder mehreren Lagen
- in Kombination mit anderen Putzen
- in Kombination mit Akustikplatten

Der **Schallabsorptionsgrad** wird bestimmt durch

- die Zusammensetzung und
- die Dicke des Systems.

Feuerhemmende Putze

Zusammensetzung:

- Zementputze
- Kalkzementputze
- Gipsputze

zum Teil mit Leichtzuschlägen

Anwendung als
Brandschutzputze

Baustoffklassen:
Einteilung von Putzen nach DIN 4102-1 „Brandverhalten von Baustoffen und Bauteilen – Teil 1: Baustoffe; Begriffe, Anforderungen und Prüfungen" (1998) in

- Baustoffklasse A (nicht brennbar)
  - A1 (ohne brennbare Bestandteile)
  - A2 (in geringem Umfang mit brennbaren Bestandteilen)
- Baustoffklasse B (brennbar)
  - B1 (schwer entflammbar)
  - B2 (normal entflammbar)
  - B3 (leicht entflammbar)

Hinweis

Auch die DIN EN 13501-1 „Klassifizierung von Bauprodukten und Bauarten zu ihrem Brandverhalten – Teil 1: Klassifizierung mit den Ergebnissen aus den Prüfungen zum Brandverhalten von Bauprodukten“ (2010) regelt Anforderungen an Putze als Brandschutzbekleidung. Die Klassifizierung weicht jedoch von der in der DIN 4102-1 ab, weil sie sich auf andere Prüfvorschriften bezieht.

Feuerwiderstandsklassen (auch als Brandschutzklassen bezeichnet)

- gelten nicht für einzelne Baustoffe, sondern für Bauteile bzw. den gesamten Wandaufbau,
- besagen, wie lange die Ausbreitung des Feuers durch dieses Bauteil im Brandfall verhindert wird,
- sind nach DIN 4102-4 „Brandverhalten von Baustoffen und Bauteilen; Zusammenstellung und Anwendung klassifizierter Baustoffe, Bauteile und Sonderbauteile“ (1994) eingeteilt in
  - F 30 (feuerhemmend): Funktionserhalt über 30 Minuten,
  - F 60 (hochfeuerhemmend): Funktionserhalt über 60 Minuten,
  - F 90 (feuerbeständig): Funktionserhalt über 90 Minuten,
  - F 120 (hochfeuerbeständig): Funktionserhalt über 120 Minuten,
  - F 180 (höchstfeuerbeständig): Funktionserhalt über 180 Minuten.

Brandschutzputze

- werden meist auf Stahlbeton oder Stahlträgern sowie auf Fachwerk eingesetzt,

- gehören der Baustoffklasse A1 an,
- haben eine Feuerwiderstandsklasse im Bereich von F 90.

Verbund zum Putzgrund:
- Brandschutzputze müssen gut mit dem Putzgrund verbunden sein.
- Fest verankerte, nicht brennbare Putzträger sind ggf. zu verwenden (z. B. Drahtgewebe, Ziegeldrahtgewebe, Rippenstreckmetall).

Ohne weiteren Nachweis können eingesetzt werden (DIN 4102-4):
- normgerechte, einlagige Kalkzementputze (15 mm Mindestputzdicke),
- normgerechte, einlagige Gipsputze (15 mm Mindestputzdicke),
- zweilagige Zementputze mit Leichtzuschlägen:
  - 1 Raumteil Zement (20 Masse-% können durch hydraulischen Kalk ersetzt werden) + 4 bis 5 Raumteile Vermiculit (Korngröße 3 bis 6 mm),
  - 1 Raumteil Zement (20 Masse-% können durch hydraulischen Kalk ersetzt werden) + 4 bis 5 Raumteile Perlit (Korngröße bis 3 mm),
  - Unterputz 10 mm dick, Oberputz 5 mm dick, Oberfläche geglättet,
- zweilagige Gipsputze mit Leichtzuschlägen:
  - 3 Raumteile Baugips + 4 bis 5 Raumteile Vermiculit (Korngröße 3 bis 6 mm),
  - 3 Raumteile Baugips + 4 bis 5 Raumteile Perlit (Korngröße bis 3 mm),

- Unterputz 10 mm dick, Oberputz 5 mm dick, Oberfläche geglättet.

Hinweis

Andere Putze benötigen eine entsprechende Zulassung.

Die Verarbeitung von Brandschutzputzen geschieht durch speziell dafür ausgebildete Fachunternehmen.

1.4.8 Putzsysteme

Putzsysteme werden eingesetzt, wenn
- ein einzelner Putz oder
- eine einzelne Putzlage

die Anforderungen nicht erfüllen können.

Putze im System:
- Die Putze werden ein- oder mehrlagig aufgebracht.
- Die einzelnen Lagen können aus jeweils dem gleichen Putz oder aus unterschiedlichen Putzen bestehen.
- Besitzen die Lagen die gleiche Zusammensetzung, werden sie frisch in frisch aufgetragen oder je nach Putzart auch am nächsten Tag.
- Bei unterschiedlicher Zusammensetzung wird
  - die erste Lage als Unter- oder Grundputz bezeichnet,
  - die zweite Lage als Ober- oder Deckputz bezeichnet.
- Der Unterputz gleicht Unebenheiten im Putzgrund aus und nimmt Spannungen auf.
- Ein eventuell vorher aufgebrachter Spritzbewurf zählt nicht als Putzlage und wird daher auch bei der Putzdickenangabe nicht hinzugerechnet.

Systembindung (siehe auch Kapitel 2.2.2.3):
- Werden von einem Hersteller angebotene Systeme komplett verwendet, ist die Gewähr gegeben, dass
  - die einzelnen Komponenten zueinander passen und
  - die Kompatibilität der Systemkomponenten erprobt ist.
- Oft wird jedoch von der Systembindung abgewichen.
- Hierbei sind vorab die Verantwortlichkeiten zu klären.

Normgerechte Putzsysteme

- Putzsysteme für den Außen- und den Innenbereich werden in DIN V 18550 mit Angabe der Mörtelgruppe beschrieben.
- Druckfestigkeiten für die einzelnen Putze dieser Systeme sind in DIN EN 998-1 festgelegt.

Mörtelgruppen nach DIN V 18550 sind
- P I: Luftkalkmörtel, Wasserkalkmörtel, Mörtel mit hydraulischem Kalk,
- P II: Kalkzementmörtel, Mörtel mit hochhydraulischem Kalk, Mörtel mit Putz- und Mauerbinder,
- P III: Zementmörtel mit Zusatz von Kalkhydrat, Zementmörtel ohne Zusatz von Kalkhydrat,
- P IV: Gipsmörtel, gipshaltige Mörtel,
- P Org 1: Innen- und Außenputze mit organischen Bindemitteln,
- P Org 2: Innenputze mit organischen Bindemitteln.

Druckfestigkeitsklassen nach DIN EN 998-1 sind
- CS I: 0,4 bis 2,5 N/mm^2 Druckfestigkeit nach 28 Tagen,
- CS II: 1,5 bis 5,0 N/mm^2 Druckfestigkeit nach 28 Tagen,
- CS III: 3,5 bis 7,5 N/mm^2 Druckfestigkeit nach 28 Tagen,
- CS IV: $\geq$ 6 N/mm^2 Druckfestigkeit nach 28 Tagen.

Tabelle 1.12: Außenputzsysteme nach DIN V 18550 und DIN EN 998-1

Anforderung bzw. Putzanwendung	Mörtelgruppe für den Unterputz (DIN V 18550)	Druckfestigkeitsklasse des Unterputzes (DIN EN 998-1)	Mörtelgruppe bzw. Beschichtungsstoff-Typ für den Oberputz (DIN V 18550)	Druckfestigkeitsklasse des Oberputzes (DIN EN 998-1)
ohne besondere Anforderungen	–	–	P I	CS I
	P I	CS I	P I	CS I
	–	–	P II	CS II
	–	–	P II	CS III
	P II	CS II	P I	CS I
	P II	CS III	P I	CS I
	P II	CS II	P II	CS II
	P II	CS III	P II	CS II
	P II	CS III	P II	CS III
	P II	CS III	P Org 1	–
	–	–	P Org 1	–
	–	–	P III	CS IV
wasserhemmend	P I	CS I	P I	CS I
	–	–	P I	CS I
	–	–	P II	CS II
	–	–	P II	CS III
	P II	CS II	P I	CS I
	P II	CS III	P I	CS I
	P II	CS II	P II	CS II
	P II	CS III	P II	CS II
	P II	CS III	P II	CS III
	P II	CS III	P Org 1	–
	–	–	P Org 1[1)]	–
	–	–	P III	CS IV

Tabelle 1.12: Fortsetzung

Anforderung bzw. Putzanwendung	Mörtelgruppe für den Unterputz (DIN V 18550)	Druckfestigkeitsklasse des Unterputzes (DIN EN 998-1)	Mörtelgruppe bzw. Beschichtungsstoff-Typ für den Oberputz (DIN V 18550)	Druckfestigkeitsklasse des Oberputzes (DIN EN 998-1)
wasserabweisend	P I	CS I	P I	CS I
	P II	CS II	P I	CS I
	P II	CS III	P I	CS I
	–	–	P I	CS I
	–	–	P II	CS II
	–	–	P II	CS III
	P II	CS II	P II	CS II
	P II	CS III	P II	CS II
	P II	CS III	P II	CS III
	P II	CS III	P Org 1	–
	–	–	P Org 1[1)]	–
	–	–	P III	CS IV
Kellerwandaußenputz	–	–	P III[2)]	CS IV
Außensockelputz	–	–	P III[2)]	CS IV
	P III	CS IV	P III[2)]	CS IV
	P III	CS IV	P III[2)]	CS III
	P II	CS III	P III[2)]	CS II[3)]
gilt nur für Sanierputze:	P II	CS II[3)]	P III[2)]	CS II[3)]

1) nur bei Beton mit geschlossenem Gefüge als Putzgrund
2) Ein Sockelputz sowie ein Kellerwandaußenputz sind im erdberührten Bereich immer abzudichten. Der Putz dient als Träger der vertikalen Abdichtung.
3) > 2,5 N/mm²

Tabelle 1.13: Innenputzsysteme nach DIN V 18550 und DIN EN 998-1

Anforderung bzw. Putzanwendung	Mörtelgruppe für den Unterputz (DIN V 18550)	Druckfestigkeitsklasse des Unterputzes (DIN EN 998-1)	Mörtelgruppe bzw. Beschichtungsstoff-Typ für den Oberputz (DIN V 18550)[1)]	Druckfestigkeitsklasse des Oberputzes (DIN EN 998-1)
übliche Beanspruchung	–	–	P I	CS I
	P I	CS II	P I	CS I
	–	–	P II	CS II
	P II	CS II	P I	CS I
	P II	CS II	P II	CS II
	P II	CS II	P IV	[2)]
	P II	CS II	P Org 1	–
	P II	CS II	P Org 2	–
	–	–	P III	CS IV
	P III	CS III	P I	CS I
	P III	CS III	P II	CS II
	P III	CS IV	P II	CS III
	P III	CS IV	P III	CS IV
	P III	CS III	P Org 1	–
	P III	CS III	P Org 2	–
	–	–	P IV	[2)]
	P IV	[2)]	P I[4)]	CS I
	P IV	[2)]	P II[4)]	CS II
	P IV	[2)]	P IV	[2)]
	P IV	[2)]	P Org 1	–
	P IV	[2)]	P Org 2	–
	–	[2)]	P Org 1[3)]	–
	–	–	P Org 2[3)]	–

Tabelle 1.13: Fortsetzung

Anforderung bzw. Putzanwendung	Mörtelgruppe für den Unterputz (DIN V 18550)	Druckfestigkeitsklasse des Unterputzes (DIN EN 998-1)	Mörtelgruppe bzw. Beschichtungsstoff-Typ für den Oberputz (DIN V 18550)[1]	Druckfestigkeitsklasse des Oberputzes (DIN EN 998-1)
Feuchträume	–	–	P II	CS II
	P II	CS II	P I[4]	CS I
	P II	CS II	P II	CS III
	P II	CS III	P Org 1	–
	–	–	P III	CS III
	–	–	P III	CS IV
	P III	CS III	P II	CS II
	P III	CS IV	P III	CS IV
	P III	CS III	P Org 1	–
	P III	CS IV	P Org 1	–
	–	–	P Org 1[3]	–

1) Oberputze dürfen mit abschließender Oberflächengestaltung oder ohne ausgeführt werden (z. B. bei zu beschichtenden Flächen).
2) Druckfestigkeit $\geq 2{,}0\ N/mm^2$
3) nur bei Beton mit geschlossenem Gefüge als Putzgrund
4) dünnlagige Oberputze

Sanierputzsysteme

Einsatzbereiche:

- Sanierputzsysteme dienen zum Verputzen von feuchtem und salzbelastetem Mauerwerk.
- Ihre Haupteinsatzbereiche sind somit Gebäudesockel und Kellerräume.

Zu einem Sanierputzsystem gehören

- Spritzbewurf,
- ggf. Grundputz (Ausgleichsputz oder Porengrundputz),
- Sanierputz,
- Deckschichten (Oberputz, Farbanstrich).

Ausgleich von **Unebenheiten** im Untergrund:

- mit dem Sanierputz oder
- mit einem Grundputz (Ausgleichsputz)

Herstellung und Eigenschaften der **Komponenten:**

- Alle Komponenten des Sanierputzsystems außer dem Farbanstrich bestehen aus Werkputzmörteln.
- Baustellenputzmörtel oder Zusatzmittelkombinationen sind ausgeschlossen.
- Im Gegensatz zu Sanierputzen sind Grundputze nicht wasserabweisend, da sie die Salze aus dem Untergrund an den Sanierputz weiterleiten sollen.
- Grundputze besitzen eine höhere Festigkeit als die zum System gehörenden Sanierputze.
- Deckschichten müssen auf das Sanierputzsystem abgestimmt sein, damit die Eigenschaften nicht beeinträchtigt werden.

Tabelle 1.14: Anforderungen an Deckschichten auf Sanierputzen gemäß WTA-Merkblatt 2-9-04/D (WTA, 2005)[1)]

Eigenschaft	Anforderung
Farbanstriche/Beschichtungen im Innenbereich	
wasserdampfdiffusionsäquivalente Luftschichtdicke s_d	< 0,2 m (jede einzelne Schicht)
Farbanstriche/Beschichtungen im Außenbereich	
wasserdampfdiffusionsäquivalente Luftschichtdicke s_d	< 0,2 m (jede einzelne Schicht)
Wasseraufnahmkoeffizient w[2)]	$\leq 0{,}50\ kg/(m^2 \cdot h^{0{,}5})$
mineralische Oberputze im Außenbereich	
kapillare Wasseraufnahme[3)]	$\leq 0{,}20\ kg/(m^2 \cdot min^{0{,}5})$ oder Herstellerangabe

1) Werden sowohl Oberputze als auch Farbanstriche aufgetragen, addieren sich die Werte.
2) Prüfverfahren nach DIN EN 1015-18
3) Prüfverfahren nach DIN EN 998-1

Angaben zu Sanierputzsystemen im WTA-Merkblatt 2-9-04/D (WTA, 2005):

- Wirkprinzip
- Zusammensetzung
- Anwendung und Anwendungsgrenzen
- Anforderungen (technische Daten)
- Prüfverfahren
- Planung
- Verarbeitung

- Qualitätssicherung (Gang der Prüfung, Überwachung und Zertifizierung von Grundputz-WTA und Sanierputz-WTA, aktuelle Liste der zertifizierten Sanierputzsysteme unter www.wta.de)

Definition

> **Sanierputze** gemäß WTA-Merkblatt 2-9-04/D (WTA, 2005, S. 4):
> *„Putze mit hoher Porosität und Wasserdampfdurchlässigkeit bei gleichzeitig erheblich verminderter kapillarer Leitfähigkeit.“*

Die **3 Haupteigenschaften** von Sanierputzen sind somit

- geringe Saugfähigkeit,
- gute Wasserdampfdurchlässigkeit und
- hohes Porenvolumen.

Wirkprinzip:

- Das salzhaltige Wasser im Mauerwerk wird maximal 5 mm tief in den Sanierputz hinein gesaugt.
- Es erreicht nicht die Putzoberfläche, da der Sanierputz wasserabweisend ist (geringe Saugfähigkeit).
- Das Wasser geht in Wasserdampf über, der nach außen tritt (gute Wasserdampfdurchlässigkeit).
- Die Salze kristallisieren innerhalb des Sanierputzes, wo sie genügend Platz zum Wachsen haben, ohne Zerstörungen im Putzgefüge anzurichten (hohes Porenvolumen).
- Die Oberfläche des Sanierputzes bleibt trocken und frei von Ausblühungen, da nur Wasserdampf und kein flüssiges, salzhaltiges Wasser an die Oberfläche gelangt.

Systeme bei mittlerer bis hoher **Salzbelastung** (Abb. 1.12):

- zweilagiges System aus 2 Lagen Sanierputz, wobei
  - die erste Lage die wasserabweisende Wirkung nur unvollständig ausbildet
  - das salzhaltige Wasser so zum Teil in die obere Lage weitergeleitet werden kann, wo die Salze kristallisieren
- zweilagiges System aus einer Lage Porengrundputz und einer Lage Sanierputz, wobei
  - der nicht wasserabweisende Porengrundputz das salzhaltige Wasser an den Sanierputz weiterleitet
  - ein geringer Teil der Salze auch im Porengrundputz eingelagert wird
- zu Schichtdicken und Schichtfolgen siehe Kapitel 2.2.3.3, Tabelle 2.11

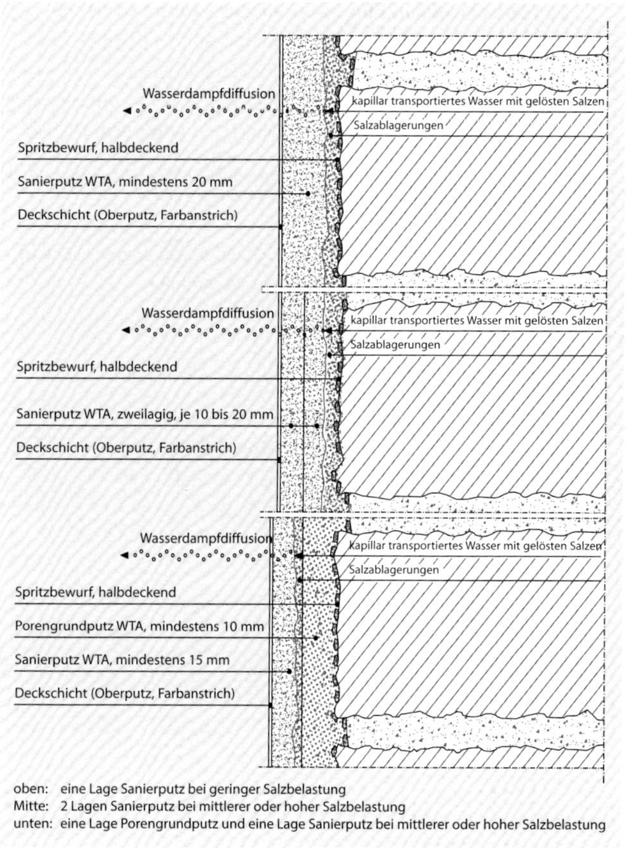

Abb. 1.12: Schematischer Aufbau von Sanierputzsystemen in Abhängigkeit von der Salzbelastung (Quelle: Praxis-Handbuch Bautenschutz [Appel u. v. a., 2012, S. 179])

Anforderungen an **Putze** im Sanierputzsystem (Tabelle 1.15):

- Anforderungen an Sanierputze sind in DIN EN 998-1 festgelegt.
- Anforderungen an Grund- und Sanierputze sind im WTA-Merkblatt 2-9-04/D (WTA, 2005) festgeschrieben.

Tabelle 1.15: Anforderungen an Grundputz-WTA und Sanierputz-WTA gemäß DIN EN 998-1 und WTA-Merkblatt 2-9-04/D (WTA, 2005)

Eigenschaft	Maßeinheit	Anforderung Grundputz-WTA	Anforderung Sanierputz-WTA
Frischmörtel			
Konsistenz (Ausbreitmaß)	mm	170 ± 5[1)]	170 ± 5[1)]
Frischmörtelrohdichte	kg/m³	k. A.	deklarierter Bereich der Werte[2)]
Luftgehalt	Vol.-%	> 20	> 25
Wasserrückhaltevermögen	%	k. A.	> 85
Verarbeitbarkeitszeit	min	k. A.	> deklarierter Bereich der Werte[2)]
Festmörtel			
Trockenrohdichte	kg/m³	k. A.	< 1.400[1)]
Biegezugfestigkeit	N/mm²	k. A.	deklarierter Bereich der Werte[2)]
Druckfestigkeit	N/mm²	> Sanierputz	1,5 bis 5,0
Festigkeitsverhältnis[3)]	–	k. A.	< 3
Haftzugfestigkeit	N/mm²	k. A.	≥ deklarierter Bereich der Werte[2)]
Bruchbild	–	k. A.	anzugeben
kapillare Wasseraufnahme nach 24 Stunden	kg/m²	> 1,0	> 0,3
Wassereindringung	mm	> 5	< 5
Wasserdampfdiffusionswiderstandszahl μ	–	< 18	< 12

Tabelle 1.15: Fortsetzung

Eigenschaft	Maßeinheit	Anforderung Grundputz-WTA	Anforderung Sanierputz-WTA
Porosität	Vol.-%	> 35 (Ausgleichsputz) > 45 (Porengrundputz)	> 40
Salzresistenz	–	k. A.	bestanden
Wärmeleitfähigkeit[4)]	$W/(m \cdot K)$	k. A.	k. A.
Brandverhalten[5)]	–	k. A.	k. A.
Dauerhaftigkeit[6)]	–	k. A.	k. A.
Eigenschaften bei Maschinenverarbeitung			
Luftgehalt	Vol.-%	k. A.	deklarierter Bereich der Werte[2)]
Frischmörtelrohdichte	kg/m^3	k. A.	deklarierter Bereich der Werte[2)]
Porosität	Vol.-%	k. A.	> 40

k. A. keine Anforderungen
1) Richtwert, Herstellerangabe maßgebend
2) Der deklarierte Bereich der Werte wird bei der Erstprüfung in Abstimmung mit der Prüfstelle festgelegt.
3) Quotient aus Druckfestigkeit und Biegezugfestigkeit, muss wegen Gefahr der Rissbildung < 3 sein
4) Tabellenwert
5) Baustoffklasse
6) bisher kein Prüfverfahren vorhanden

Wärmedämmputzsysteme

Zu einem Wärmedämmputzsystem gehören

- Putzträger oder Spritzbewurf,
- Putzprofile und Eckschienen mit Ansetzmörtel (in der Regel schnell abbindender Kalkzementmörtel zum Ansetzen/„Ankleben“ von Profilen u. Ä.),

- Wärmedämmputz,
- dickschichtiger Oberputz oder Zwischenlage mit Bewehrungsgewebe und dünnschichtigem Oberputz (Edelputz),
- Farbanstrich.

Wärmedämmung mit Putzen:
- komplettes System erforderlich
- Wärmedämmputz allein dafür nicht ausreichend

Zulassung der Wärmedämmputzsysteme:
- allgemeine bauaufsichtliche Zulassung (abZ) erforderlich
- in abZ insbesondere Beurteilung der Haftzugfestigkeit und des Brandverhaltens des Systems aus Wärmedämmputz und Oberputz

1.4.9 Spezialputze

Aufgaben von Putzen:
- Gestalten von Oberflächen
- Erfüllen von bauphysikalischen Aufgaben (Schutz gegen Wasser, Temperatur und Schall)
- Schutz vor Gefahren für die Gesundheit

Putze zum **Schutz vor Gefahren für die Gesundheit** sind
- Strahlenschutzputze und
- Abschirmputze.

Strahlenschutzputze

Einsatzbereiche:
- Röntgenräume, um Strahlen abzuschirmen
- Einsatz auf radiodiagnostische Bereiche in Krankenhäusern und Arztpraxen beschränkt

Zusammensetzung:

- Kalkzementputze
- mit Zuschlag Schwerspat (Baryt)

Strahlenschutzputze (auch Röntgenputze oder Barytputze genannt)

- dürfen nicht auf Mauerwerk aufgetragen werden, das durch Feuchtigkeit und Salze belastet ist,
- können mit herkömmlichen Oberputzen versehen werden,
- erhöhen die Abschirmwerte von Wänden aus genormtem Mauerwerk bei Röntgenstrahlen mit einer Nennspannung von bis zu 250 kV.

Abschirmwirkung:

- abhängig von der Putzdicke
- Berechnung der Abschirmrichtwerte (Tabelle 1.16) nach DIN 6812 „Medizinische Röntgenanlagen bis 300 kV – Regeln für die Auslegung des baulichen Strahlenschutzes" (2010)

Tabelle 1.16: Abschirmrichtwerte (Bleigleichwerte) nach DIN 6812

Putzdicke	äquivalente Bleischichtdicke bei Röhrenspannung			
	100 kV	150 kV	200 kV	250 kV
1,0 cm	1,25 mm	0,70 mm	0,60 mm	0,50 mm
1,5 cm	1,75 mm	1,00 mm	0,80 mm	0,80 mm
2,0 cm	2,30 mm	1,35 mm	1,10 mm	1,10 mm
2,5 cm	3,00 mm	1,50 mm	1,35 mm	1,35 mm

Abschirmputze

Aufgaben:
- Schutz vor „Elektrosmog“ (elektromagnetischen Feldern durch Hochspannungsleitungen, Elektroinstallationen, Funkanlagen) in Innenräumen
- Schutz elektrosensibler Menschen
- Schutz strahlungsempfindlicher Geräte

Zusammensetzung:
- Gips- oder Lehmputz
- leitfähige Zusatzstoffe möglich

Auftrag:
- Abschirmputze werden auf die Innenseite von Außenwänden aufgebracht.
- In die Putze wird ein elektrisch leitfähiges Gitter mit Erdung eingearbeitet.
- Das Erdungskabel (Ableitband) muss von einem Elektriker fachgerecht an das Erdpotenzial angeschlossen werden.

„Wunderputze“

Putzarbeiten im Rahmen einer **Altbausanierung:**
- Die Vorarbeit bei der Bestandsanalyse und der Planung ist umfangreich, was Mühe und Kosten verursacht.
- Die Putzgrundvorbehandlung und die flankierenden Maßnahmen sind meist verbunden mit
  - Lärm,
  - Schmutz und
  - weiteren Unannehmlichkeiten für die Bewohner.

- Vor diesem Hintergrund ist es verständlich, dass Lösungen, die ohne solche Unannehmlichkeiten auskommen wollen, Gehör finden.

Zu leicht wird daher **Versprechungen** hinsichtlich von „Wunderputzen“ geglaubt (auch von Fachleuten), wie z. B.:
- keine Voruntersuchungen erforderlich,
- keine Horizontalabdichtung erforderlich,
- enorme Kosteneinsparung,
- 100%ige Sicherheit,
- überall einsetzbar (selbst auf extrem nassem Mauerwerk),
- unbegrenzt wirksam,
- rein biologisch, natürlich und umweltfreundlich,
- wohngesund,
- ein Material für alle Zwecke,
- leicht zu verarbeiten,
- kurze Verarbeitungszeit,
- keine Salzausblühungen mehr,
- kein Modergeruch mehr,
- zahlreiche Referenzen,
- jahrzehntelange Garantie.

Genauere Betrachtungen der Angaben in den Angeboten solcher Putze zeigen:
- Widersprüche und sogar eindeutig falsche Aussagen sind enthalten.
- Oft wird mit Phantasiebegriffen gearbeitet.
- Daneben werden selbstverständliche Eigenschaften, die jeder Putz besitzt, als Besonderheit hervorgehoben.

Entfeuchtung des Mauerwerks **allein** durch einen **Putz ist physikalisch nicht möglich:**

- Das Mauerwerk kann nur trocknen, wenn durch vertikale und horizontale Abdichtungen verhindert wird, dass weiterhin Wasser eindringt.
- Nur dann kann sich die Ausgleichsfeuchte einstellen.
- Die Ausgleichsfeuchte hängt sehr stark von der Salzbelastung des Mauerwerks ab.
- Daher sind Bezeichnungen wie „Entfeuchtungsputz“ oder „Feuchteregulierungsputz“ irreführend.

1.5 Verwandte und ergänzende Materialien

Im Rahmen von Putzarbeiten kommen Materialien zum Einsatz, die

- definitionsgemäß nach DIN EN 998-1, Abschnitt 1, und DIN V 18550, Abschnitt 1, nicht zu den Putzen zählen,
- den Putzen jedoch ähnlich sind oder
- die Arbeiten mit den eigentlichen Putzen ergänzen.

Dazu gehören:

- Spritzbewurf (siehe Kapitel 2.2.1.2),
- Reparaturmörtel, Restauriermörtel und Stopfmörtel,
- Dichtungsschlämmen und Spachtelmassen,
- Beschichtungen, wie
  - Rollputze, Streichputze und Dekorputze,
  - Silikatputze,
  - Siliconharzputze,
  - Kunstharzputze,
  - Magnetputze,
  - Baumwollputze,

- Anstrichmittel,
- Imprägniermittel.

Hinweis

Für manche Arbeiten (z. B. für die Rissinstandsetzung) kommen auch Kombinationen einzelner Materialien oder mehrere alternative Materialien infrage.

1.5.1 Reparaturmörtel, Restauriermörtel und Stopfmörtel

Reparaturmörtel

Einsatzbereiche:

- Instandsetzung von Rissen (zum Einsatz von Reparaturmörteln einzeln oder in Verbindung mit anderen Materialien zur Rissinstandsetzung siehe Kapitel 2.2.1.1)
- Instandsetzung von Betonschäden

Instandsetzung von **Betonbauteilen** im Rahmen von Putzarbeiten:

- bei Betontragwerken Beachtung zahlreicher Regelwerke und Vorschriften erforderlich, nur von speziell ausgebildeten Fachkräften durchzuführen
- bei nicht tragenden Beton- und Stahlbetonbauteilen Instandsetzung auch von anderen Fachfirmen möglich

Instandsetzung von **Stahlbeton**:

- Der nicht mehr alkalische Beton muss entfernt und durch geeignete Mörtel (alkalische Zementmörtel) ersetzt werden.

- Der Stahl muss entrostet und gegen Korrosion geschützt werden.
- Zum Ausfüllen von Fehlstellen werden reine Zementmörtel oder (Spritz-)Betone sowie kunststoffmodifizierte Zementmörtel eingesetzt.

kunststoffmodifizierte Zementmörtel für die Betoninstandsetzung (Polymer Concrete Cement [PCC]):
- Kunststoffmodifizierung werkseitig oder durch Zugabe einer flüssigen Kunststoffdispersion auf der Baustelle
- Verarbeitung meist von Hand
- auch spritzbar eingestellte Mörtel verfügbar (Sprayable Polymer Concrete Cement [SPCC])

Zementmörtel zur Betoninstandsetzung werden nach der Korngröße ihrer Zuschläge unterschieden in
- Grobmörtel,
- Feinmörtel und
- Feinspachtel.

Anwendung:
- Grobmörtel und Feinmörtel dienen zum Reparieren von Ausbruchstellen.
- Feinspachtel dient zum dünnschichtigen, vollflächigen Überziehen der reparierten Partien.

ergänzende Produkte zum Schutz der reparierten Stellen auf nicht begeh- und befahrbaren Betonflächen:
- Putze, putzähnliche Beschichtungen, Hydrophobierungsmittel
- Einsatz zum Schutz vor dem Eindringen von Stoffen und zur Regulation des Feuchtehaushalts

- Oberflächenschutzsysteme gemäß DAfStb-Instandsetzungsrichtlinie (DAfStb, 2001) zum Feuchte-, Verwitterungs- und Korrosionsschutz:
  - OS-A/OS1 (Hydrophobierung)
  - OS-B/OS2 (Hydrophobierung und Beschichtung)
  - OS-C/OS4 (Feinspachtel und Beschichtung)

Regelwerke:
- DAfStb-Instandsetzungsrichtlinie (DAfStb, 2001)
- Normenreihe DIN EN 1504 „Produkte und Systeme für den Schutz und die Instandsetzung von Betontragwerken – Definitionen, Anforderungen, Güteüberwachung und Beurteilung der Konformität" (2005 bis 2006)
- DIN V 18026 „Oberflächensysteme für Beton aus Produkten nach DIN EN 1504-2:2005-01" (2006)

Restauriermörtel

Einsatzbereiche:
Restaurierung gegliederter Bauteile
- aus Naturstein
- aus Werkstein

Typen:
- mineralisches Pulver, mit Wasser anzumischen
- mineralisches Pulver, mit Kunststoffdispersion anzumischen
- pastös, mit Kieselsol oder Kieselsäureester gebunden
- zweikomponentig, reaktionsharzgebunden

Hinweis

> Typen und Anwendungsweisen von Restauriermörteln sind sehr unterschiedlich. Daher sind keine allgemeingültigen Angaben zur Verarbeitung möglich. Ausschlaggebend sind die Vorgaben der Hersteller.
>
> Das WTA-Merkblatt 3-11-97/D (WTA, 1997) beschreibt Materialien und Techniken für die Restaurierung von Naturstein ausführlich.

Die Restauriermörtel

- können in Eigenschaften und Farbton Naturstein angeglichen werden,
- enthalten Pigmente oder farblich passende Gesteinskörnungen,
- lassen sich auch mit einem zum System passenden Farbanstrich versehen,
- können auch in Formen gegossen oder mit Schablonen gezogen werden.

Ergänzung bei **partiellen Beschädigungen** von Natur- und Werkstein:

- mit herkömmlichen mineralischen Mörteln möglich (Kalkmörteln, Kalkzementmörteln)
- als Baustellenputzmörtel oder Werkputzmörtel

Ergänzung bei **größeren Ausbrüchen** (Abb. 1.13 und 1.14):

- Unterfütterung mit mineralischen Mörteln
- ggf. Einbau von Bewehrungen und Verankerungen
- Aufbau von grob nach fein
- Beachtung des Festigkeitsgefälles (Putzregel „weich auf hart")
- letzte Schicht aus Restauriermörtel

Abb. 1.13: Mit mineralischen Mörteln und Restauriermörtel ergänztes Gesims aus Beton

Abb. 1.14: Mit mineralischen Mörteln und Restauriermörtel ergänztes Gesims aus Beton nach dem Farbanstrich

- Bearbeitung der Oberflächen steinmetzmäßig oder durch Schleifen

Stopfmörtel

Eigenschaften und **Anwendung:**

- Stopfmörtel erhärten innerhalb weniger Sekunden.
- Sie schließen Wasserdurchbruchstellen (insbesondere in Kellern, wo Wasser von außen durch die Wände drückt).
- Trocken aufzubringende Stopfmörtel reagieren sehr schnell mit dem durchdringenden Wasser und verstopfen den weiteren Wasserweg.

- Eine weitere Möglichkeit besteht darin, eine kleine Menge Zementmörtel statt mit Wasser mit einem flüssigen Schnellbinder auf Wasserglasbasis anzumachen, einen Keil zu formen und diesen sofort in die Durchbruchstelle zu stopfen.

Praxistipp

Achtung! Hierbei immer materialresistente Handschuhe (z. B. aus Nitrilkautschuk) tragen!

1.5.2 Dichtungsschlämmen und Spachtelmassen

Dichtungsschlämmen zur Bauwerksabdichtung

Einsatzbereiche:

- Schutz von Bauwerken und Gebäudeteilen gegen Bodenfeuchtigkeit, nicht drückendes oder drückendes Wasser
- Vertikalabdichtung erdberührter Bauteile
- Außenabdichtung von Wänden (auch nachträglich)
- Abdichtung von Sohlplatten und Fundamenten
- Vertikalabdichtung im Spritzwasserbereich von Sockeln
- Querschnittsabdichtung unter aufgehenden Wänden
- Abdichtung gegen von innen drückendes Wasser (Behälter)
- Innenabdichtung gegen von außen einwirkendes Wasser (auch nachträglich)
- Abdichtung gegen zeitweise von innen einwirkendes Wasser während der Bauphase

Bestandteile sind im Wesentlichen

- Zement und
- Quarzsand, dessen idealer Kornaufbau hauptsächlich für die abdichtende Wirkung sorgt.

Einteilung nach DIN 18195-2 „Bauwerksabdichtungen – Teil 2: Stoffe“ (2009):

- nicht rissüberbrückende (starre) mineralische Dichtungsschlämmen (technische Kennwerte siehe Kapitel 1.4.1, Tabelle 1.9)
- rissüberbrückende (flexible) mineralische Dichtungsschlämmen (auch zur Rissinstandsetzung, siehe Kapitel 2.2.1.1; zukünftig Nachweis der Umweltverträglichkeit erforderlich)

Auftrag:

- dünnschichtiges Aufschlämmen mit einer Bürste (Schichtdicke zwischen 2 und 5 mm)
- auf ebenen, tragfähigen und offenporigen Untergründen (z. B. Stahlbeton, vollfugig gemauertes Mauerwerk, Zementputz)
- bei unebenem Untergrund oder Untergrund mit Fugen Egalisierung mit geeignetem Zement- oder Kalkzementmörtel erforderlich

Hinweis

Für Dichtungsschlämmen, die im Kontakt mit Trinkwasser oder in Trinkwasserschutzzonen eingesetzt werden, gilt das Gleiche wie für Zementputze als Innenbeschichtung von Trinkwasserbehältern (siehe Kapitel 1.4.2).

Obwohl Dichtungsschlämmen in der Normenreihe DIN 18195 erfasst sind, benötigen sie als Verwendbarkeitsnachweis ein allgemeines bauaufsichtliches Prüfzeugnis.

Dichtungsschlämmen zum Schutz gegen Radon

Radon

- ist ein radioaktives Edelgas, das Krankheiten (Lungenkrebs) hervorrufen kann,
- kommt in einigen Regionen von Natur aus im Boden vor.

Radonschutz im Neubau:

- Einplanung von Anfang an
- konstruktive Maßnahmen, wie
  - dicht schließende Türen, Klappen und Schachtdeckel
  - Entlüftungsanlagen

Radonschutz im Altbau:

- Beseitigen von Rissen, undichten Fugen und fehlerhaften Abdichtungen an Rohrdurchführungen und Installationen
- Abdichten kleinerer Undichtigkeiten, z. B. mit dauerelastischen Fugenmassen aus Silicon, Acryl oder Polysulfid
- Abdichten größerer Undichtigkeiten (z. B. bei feuchtem Keller) durch umfassende Sanierung, gegen Radon
  - meist mit Bitumen oder Kunststoffbahnen
  - auch Einsatz **rissüberbrückender mineralischer Dichtungsschlämmen** möglich

Informationen zur **Radongefährdung:**

- „Radon-Handbuch Deutschland" (BfS/BMU, 2001)
- „Merkblätter zur Senkung der Radonkonzentration" (BMU, 2004), herunterzuladen unter www.bmu.de/strahlenschutz

Empfehlungen der „Merkblätter zur Senkung der Radonkonzentration" (BMU, 2004):

- Radonkonzentration messen lassen

- bei Messwert unter 100 Bq/m³ keine Maßnahmen erforderlich
- bei Messwert von 100 bis 400 Bq/m³ Abhilfe mit einfachen Maßnahmen (auch von Heimwerkern)
- bei Messwert von 400 bis 1.000 Bq/m³ Sanierungsmaßnahmen bei nächster Renovierung einplanen
- bei Messwert über 1.000 Bq/m³ kurzfristige Sanierung durch Fachleute empfohlen

Spachtelmassen

Einsatzbereiche:

- Füllen von Löchern und Lunkern in Putz- oder Betonoberflächen
- Rissinstandsetzung (siehe Kapitel 2.2.1.1)
- dünnschichtiges Überziehen oder Abglätten
- speziell für Innen- bzw. Außenbereich verfügbar

Spachtelputze

- werden in besonderer Verarbeitungstechnik aufgetragen,
- erzielen dadurch dekorative Effekte,
- haben zum Teil Beimengungen von Glimmer, Fasern oder Holzspänen.

1.5.3 Beschichtungen

Als gebrauchsfertige Beschichtungen werden angeboten (keine Putze nach DIN EN 998-1, DIN V 18550):

- Rollputze, Streichputze und Dekorputze,
- Silikatputze,
- Siliconharzputze,

- Kunstharzputze,
- Magnetputze,
- Baumwollputze.

Rollputze, Streichputze und Dekorputze

- gebrauchsfertige, pastöse Massen
- Verarbeitung direkt aus dem Gebinde als Oberputz
- Lieferung eingefärbt oder Überarbeitung mit einem Farbanstrich

Silikatputze

- gebrauchsfertige, pastöse Massen (Angebot pulverförmiger Trockenmörtel selten, schwierige Verarbeitung)
- Verarbeitung direkt aus dem Gebinde als Oberputz
- ähnliche Zusammensetzung wie Dispersionssilikatfarben
- Auftrag und Strukturierung wie dünnschichtige Putze
- für den Innen- und Außenbereich geeignet (nicht für Sockel)

Bestandteile:

- Kaliumsilikat (Wasserglas)
- Kunststoffdispersion
- Wasser
- Pigmente
- Füllstoffe
- strukturgebende Gesteinskörnungen
- Zusatzmittel

Eigenschaften:

- sehr gut wasserdampfdurchlässig
- meist algizid und fungizid ausgerüstet
- in ihrem Aussehen ähnlich wie mineralische Putze
- wasseraufnehmend, Wasseraufnahme 0,1 bis 0,2 kg/($m^2 \cdot h^{0,5}$), daher im Außenbereich meist Beschichtung mit einem wasserabweisenden Farbanstrich

Abbinden:

- Reaktion mit dem Putzgrund (Verkieselung)
- Auftrag daher nur auf mineralisch gebundenen Putzen oder Beton
- Abbindeprodukt auch Kaliumcarbonat (Pottasche, weißes, lösliches Salz)
- wirkt besonders bei eingefärbten Silikatputzen zunächst störend, wird jedoch innerhalb kurzer Zeit vom Regen weggewaschen

Hinweis

Silikatputze sollten nicht verwechselt werden mit Silikatmörteln. Bei Silikatmörteln handelt es sich um zweikomponentige Systeme, die als abwasser- und chemikalienbeständige Beschichtungen eingesetzt werden, z. B. in Abwasserkanälen.

Siliconharzputze

- gebrauchsfertige, pastöse Massen
- Verarbeitung direkt aus dem Gebinde als Oberputz
- manchmal auch Siloxanputze genannt

- ähnliche Zusammensetzung wie Siliconharzemulsionsfarben
- Auftrag in größerer Schichtdicke als Siliconharzemulsionsfarben
- Strukturieren möglich (Kratzputzstruktur, Reibeputzstruktur)
- Auftrag auf alle trockenen und tragfähigen Untergründe möglich

Bestandteile:

- Siliconharzemulsion
- Kunststoffdispersion
- Pigmente
- Füllstoffe
- strukturgebende Gesteinskörnungen
- Zusatzmittel

Eigenschaften:

- sehr gut wasserdampfdurchlässig
- wasserabweisend
- beständig gegen saure Stoffe
- überstreichbar mit Siliconharzemulsionsfarben
- in ihrem Aussehen ähnlich wie mineralische Putze

Kunstharzputze

- Beschichtungen mit putzartigem Aussehen
- mit organischen Bindemitteln (im Unterschied zu mineralischen Putzen)
- im Einsatz seit den 1960er Jahren
- Auftrag immer auf einen mineralischen Unterputz

- Kalkputze der Mörtelgruppe P I nach DIN V 18550 als Untergrund nicht geeignet
- dienen insbesondere als Oberputze und Dekorputze
- oft auch Teile von Systemen (z. B. Wärmedämm-Verbundsystemen)

Bestandteile:
- Polymerdispersion
- mineralischer oder organischer Zuschlag
- Pigmente

Regelwerke:
- Kunstharzputze sind in der DIN 18558 „Kunstharzputze; Begriffe, Anforderungen, Ausführung" (1985) genormt. Dort werden sie eingeteilt in die Gruppen
  - P Org 1 (Innen- und Außenputze mit organischen Bindemitteln) und
  - P Org 2 (Innenputze mit organischen Bindemitteln).
- Diese Bezeichnungen werden von der DIN V 18550 übernommen, wo sie als Oberputze in Außen- und Innenputzsystemen aufgeführt werden.

Kunstharzputze als **Oberputze** (DIN V 18550):
- in Außenputzsystemen P Org 1 (ohne besondere Anforderungen, mit Anforderung wasserhemmend, mit Anforderung wasserabweisend)
- in Innenputzsystemen
  - P Org 1, P Org 2 (mit üblicher Beanspruchung)
  - P Org 1 (in Feuchträumen)

Magnetputze

- meist gebrauchsfertige Produkte auf Dispersionsbasis mit Eisenanteilen
- Kombination mit Putzen möglich
- dienen zur Befestigung von Schriftstücken an der Wand, z. B. in Büros und Schulen
- im Gegensatz zu Metalltafeln keine Beeinträchtigung der optischen Erscheinung der Wand

Auftrag:
- wie bei dicken Farbanstrichen
- werden auf glatte Putzflächen oder Platten aufgezogen oder
- mit einer dekorativen Putzschicht in bis zu 2 mm Schichtdicke überzogen
- ebene Oberfläche wichtig, da sonst die Magnete nicht sicher an der Wand haften

Hinweis

Dickschichtige Putze mit eisenhaltigem Zuschlag haben sich nicht bewährt, da die Magnetkraft zu gering ist.

Baumwollputze

- auch Flüssigtapete genannt
- Entwicklung für den Do-it-yourself-Bereich
- Anfrage aber auch bei Fachunternehmern

Bestandteile:
- wasserlösliches Bindemittel (Zellulose)
- weiße oder eingefärbte Baumwolle
- farbige Beimischungen (Glimmer, Farbchips, Pigmente)

Eigenschaften:

- nahtloser Auftrag
- leichte Verarbeitbarkeit
- verursachen bei der Verarbeitung wenig Schmutz und Abfall
- sind leicht zu erneuern, zu entfernen oder zu entsorgen
- feuchtigkeitsregulierende, wärmedämmende und schallhemmende Wirkung (von Herstellern hervorgehoben) im Vergleich zu speziellen mineralischen Putzen unbedeutend
- problematische Abwaschbarkeit bzw. Reinigung
- Baustoffklasse B1 (schwer entflammbar) nach DIN 4102-1

1.5.4 Anstrichmittel

- Schutz von Putzen vor äußeren Einflüssen durch Farbanstriche
- ähnliche Anforderungen an Anstrichmittel wie an die Putze selbst

Bestandteile:

- Bindemittel oder Bindemittelkombination (in Wasser oder einem Lösemittel gelöst oder dispergiert) (siehe Tabelle 1.17)
- Löse- bzw. Verdünnungsmittel
- Pigmente
- ggf. Füllstoffe
- ggf. Zusatzmittel (zur Verbesserung der Verarbeitbarkeit, für festeren und haltbareren Farbanstrich)

Tabelle 1.17: Bindemittelbasis von Anstrichmitteln

Anstrichmittel	Bindemittel	Lösemittel/ Verdünnungsmittel
Leimfarbe	Leim	Wasser
Kalkfarbe	Weißkalkhydrat	Wasser
Silikatfarbe (zweikomponentig)	Kaliwasserglas	Wasser
Dispersionssilikatfarbe	Kaliwasserglas, Kunststoffdispersion	Wasser
Dispersionsfarbe	Kunststoffdispersion	Wasser
Polymerisatharzfarbe	Polymerisat	organisches Lösemittel
Siliconharzemulsionsfarbe	Siliconharzemulsion, Kunststoffdispersion	Wasser
Siliconharzfarbe (Siloxanfarbe)	Siliconharz, Polymerisat	organisches Lösemittel

Folgende **Eigenschaften** sollten gegeben sein:

- Verträglichkeit mit dem Untergrund,
- Alkalibeständigkeit,
- geringere Wasseraufnahme als der Untergrund,
- höhere Wasserdampfdurchlässigkeit als der Untergrund,
- durchlässig für CO_2 auf Luftkalkputzen,
- dicht für CO_2 auf Stahlbeton,
- Wasserdichtigkeit bzw. Kapillarwasserdichtigkeit (wasserabweisend) im Außenbereich,
- UV-Strahlungsbeständigkeit,
- Witterungsbeständigkeit und Beständigkeit gegen Umwelteinflüsse,
- ggf. gute Entfernbarkeit bzw. Überstreichbarkeit,

- ansprechendes Aussehen,
- keine Verfärbungen,
- gute Haftung,
- geringe Kreidung,
- geringe Spannung beim Auftrocknen,
- gute Verarbeitbarkeit.

Wasseraufnahme und **Wasserdampfdurchlässigkeit** von Farbanstrichen (Tabelle 1.18):

- DIN EN 1062-3 „Beschichtungsstoffe – Beschichtungsstoffe und Beschichtungssysteme für mineralische Substrate und Beton im Außenbereich – Teil 3: Bestimmung der Wasserdurchlässigkeit" (2008)
- DIN EN ISO 7783 „Beschichtungsstoffe – Bestimmung der Wasserdampfdurchlässigkeit – Schalenverfahren" (2012)

Tabelle 1.18: Wasseraufnahme und Wasserdampfdurchlässigkeit von Farbanstrichen nach DIN EN 1062-3 und DIN EN ISO 7783

Durchlässigkeit	Wasseraufnahmekoeffizient w in $kg/(m^2 \cdot h^{0,5})$ gemäß DIN EN 1062-3	wasserdampfdiffusionsäquivalente Luftschichtdicke s_d in m gemäß DIN EN ISO 7783
hoch	> 0,5	< 0,14
mittel	0,5 bis 0,1	0,14 bis 1,4
gering	< 0,1	1,4 bis 14
keine (dicht)	–	> 14

Pigmente

- geben die Farbtöne,
- sind anorganisch oder organisch,
- natürlich oder synthetisch.

Eigenschaften der Pigmente:

- unlöslich
- alkaliresistent
- lichtbeständig
- resistent gegen Witterungs- und Umwelteinflüsse

Einsatz von Pigmenten:

- abhängig vom Bindemittel des Anstrichmittels
- bei Dispersionsfarben praktisch alle Pigmente einsetzbar

Tabelle 1.19: Eignung von Anstrichmitteln für Putze

Putz / Anstrichmittel	Leimfarbe	Kalkfarbe	Silikatfarbe
Zementputz, außen	–	–	+
Sanierputz, außen	–	–	+[1]
Sanierputz, innen	–	(+)	+
Kalkzementputz, außen	–	+[1]	+
Kalkzementputz, innen	+	+	+
Kalkputz, außen	–	+[2]	(+)
Kalkputz, innen	+	+	(+)
Gipsputz, innen	+	–	–
Lehmputz, innen	+	+	(+)
Antikondensputz, innen	–	(+)	–
Brandschutzputz, innen	–	–	(+)

\+ geeignet
(+) mit Einschränkungen geeignet
– nicht geeignet
1) geeignet mit Zusatz von Hydrophobierungsmitteln
2) geeignet mit geringem Zusatz von Kunststoffdispersion oder Leinöl

- Farbspektrum mineralischer Anstrichmittel begrenzt
- insbesondere dunkle und kräftige Farbtöne meist nur mit organischen Pigmenten erreichbar, die sich jedoch nicht mit allen Bindemitteln vertragen

Kompatibilität von **Putzen** und **Untergründen** mit Anstrichmitteln:

- Tabelle 1.19 gibt Auskunft darüber, mit welchen Anstrichmitteln welche Putze überstrichen werden können.

Dispersions-silikatfarbe	Dispersions-farbe	Polymerisat-harzfarbe	Siliconharz-emulsions-farbe	Siliconharz-farbe
+	+	+	+	+
+ +	– –	– –	+ (+)	+ –
+ +	+ +	+ –	+ (+)	+ –
(+) (+)	– –	– –	+ (+)	+ –
(+)	+	–	(+)	–
(+)	–	–	–	–
–	–	–	–	–
+	+	–	(+)	–

- In der Tabelle 1.20 wird dargelegt, welches geeignete Untergründe für die einzelnen Anstrichmittel sind.

Tabelle 1.20: Geeignete Untergründe für Anstrichmittel

Anstrichmittel	**geeignete Untergründe**
Leimfarbe	mineralische Putze
Kalkfarbe	mineralische Putze
Silikatfarbe	• mineralische Putze • Faserzementplatten • Ziegel • Kalksandstein
Dispersionssilikatfarbe	• mineralische Putze • Faserzementplatten • Ziegel • Kalksandstein
Dispersionsfarbe	• mineralische Putze • Kunstharzputze • Beton • Faserzementplatten • Ziegel • Kalksandstein
Polymerisatharzfarbe	• mineralische Putze • Beton • Faserzementplatten • Ziegel • Kalksandstein
Siliconharzemulsionsfarbe	• mineralische Putze • Beton • Faserzementplatten • Ziegel • Kalksandstein
Siliconharzfarbe	• mineralische Putze • Faserzementplatten

Leimfarben

- gebrauchsfertige Anstrichmittel oder
- Pulver, das mit Wasser angerührt wird
- nicht im Außenbereich einsetzbar, da der Leim auch nach dem Trocknen wasserlöslich bleibt
- im Innenbereich Vorteil der Aufnahme hoher Luftfeuchtigkeit und Wiederabgabe der Feuchtigkeit bei trockenerem Raumklima

Bestandteile:
- Leim
- Kalksteinmehl oder Kreide als Füllstoff
- Weißpigment
- bei gebrauchsfertigen Leimfarben meist noch Zusatzmittel, wie Kunstharzdispersionen oder Zellulosen

Überarbeitung:
- nur wieder mit Leimfarben möglich
- Verwendung anderer Anstrichmittel setzt Abwaschen der Leimfarbe mit warmem Wasser voraus

Kalkfarben

- in der Vergangenheit über Jahrhunderte hinweg das führende Farbsystem für den Innen- und Außenbereich
- daher große Bedeutung in der Denkmalpflege
- Abbinden durch Carbonatisierung (ähnliche Zusammensetzung wie Luftkalkputze)
- Auftrag auf frischen Kalkputz möglich (al fresco), dann gemeinsames Erhärten mit dem Putz

Bestandteile:

- gelöschter, in Wasser aufgeschlämmter Kalk als Bindemittel
- fein gemahlener Kalkstein, Marmor oder Quarz als Füllstoff
- früher Leinöl, Kasein, Blut oder tierischer Leim als Zusatzmittel für bessere Verarbeitungseigenschaften

Sumpfkalkfarbe

- wird auf der Baustelle aus Sumpfkalk und Wasser gemischt und
- je nach Einsatz mit Pigmenten (zuvor mit Wasser angeteigt) und Füllstoffen angereichert.

heutige Kalkfarben:

- Meist werden heute gebrauchsfertige Kalkfarben mit einem geringen Dispersionsanteil angeboten.
- Die Zugabe von bis zu 5 Masse-% Kunststoffdispersion führt dazu, dass
  - die Farben sich leichter verarbeiten lassen,
  - die Farben nicht mehr kreiden,
  - die Wasserdampfdurchlässigkeit und der Kalkfarbcharakter erhalten bleiben.

Eigenschaften:

- unübertroffene Leuchtkraft gegenüber modernen Farbanstrichen
- geringere Lebensdauer als Silikat- oder Siliconharzemulsionsfarben
- durch gleichmäßige Verwitterung „Patina-Effekt" an der Oberfläche (erwünscht)
- wasseraufnehmend
- wasserdurchlässig

- frostempfindlich
- veränderlich durch Schadstoffaufnahme aus der Luft
- im Außenbereich problematisch, da nicht witterungs- und frostbeständig
- leicht entfernbar und überstreichbar

Silikatfarben und Dispersionssilikatfarben

Silikatfarben:
- zweikomponentig
- Mischen der Komponenten erst kurz vor der Verarbeitung

Bestandteile:
- stark alkalische, wässrige Kaliumsilikatlösung (Wasserglas) als Bindemittel
- Gemisch aus Pigmenten und Füllstoffen

Eigenschaften:
- porös
- gute Wasserdampfdurchlässigkeit
- besonders gut für mineralische Putze geeignet
- ansprechende Farbigkeit
- typische Schattierungen

einkomponentige, gebrauchsfertige **Dispersionssilikatfarben:**
- Komponenten bereits miteinander gemischt
- Verhinderung einer sofortigen Reaktion durch Stabilisierung mit Kunststoffdispersion
- bei geringem Kunststoffanteil technische Eigenschaften und Aussehen wie Silikatfarben
- heute verbreiteter als Silikatfarben

Dispersionsfarben

- Haftung auf allen mineralischen Untergründen und Farbanstrichen
- algizide und fungizide Einstellung für den Innenbereich möglich
- wässrige Kunststoffdispersion als Bindemittel
- Erhärten durch Filmbildung beim Verdampfen des enthaltenen Wassers (nicht durch eine Reaktion)
- kein Auftrag auf Luftkalkputze (sonst Behinderung des Abbindens der Putze)

Eigenschaften:
- leichte Verarbeitbarkeit
- geringe Durchlässigkeit für Wasserdampf und CO_2 (daher ungeeignet für Luftkalkputze)
- preiswert

Polymerisatharzfarben

- Auftrag auf fast alle mineralischen Putze sowie auf andere Farben möglich
- gilt als „Problemlöser“ für durch Ruß und Industrieabgase verschmutzte Außenputze, da Polymerisatharzfarben
  - aus kleineren Teilchen als Dispersionsfarben bestehen
  - tiefer in den Untergrund eindringen und einen besseren Schutz bieten
  - sich durch die bessere Haftung auf dem Untergrund leichter reinigen lassen

Eigenschaften:
- wasserabweisend
- gut wasserdampfdurchlässig

- nur wenig durchlässig für CO_2
- lösemittelhaltig, daher ungeeignet für Putze mit Polystyrol-Leichtzuschlägen

Siliconharzemulsionsfarben und Siliconharzfarben (Siloxanfarben)

Die beiden Farben
- werden im allgemeinen Sprachgebrauch oft verwechselt oder gleich gestellt,
- haben jedoch entscheidende Unterschiede, da
  - Siliconharzemulsionsfarben in Wasser und
  - Siliconharzfarben in organischen Lösemitteln gelöst sind.

Siliconharzemulsionsfarben
- können auf fast alle mineralischen Putze sowie auf andere Farben aufgetragen werden und
- lassen sich nicht in dunklen, kräftigen Farbtönen herstellen.

Eigenschaften:
- mineralisches Aussehen
- sehr gut wasserdampfdurchlässig
- stark wasserabweisend
- nicht filmbildend
- Vereinigung positiver Eigenschaften von Silikatfarben und Dispersionsfarben bei dispersionsarmen Siliconharzemulsionsfarben

Siliconharzfarben können
- auf alle mineralischen Putze sowie
- auf viele andere Farben

aufgetragen werden.

Eigenschaften:
- sehr gut wasserdampf- und gasdurchlässig
- wasserabweisend
- filmbildend (sehr dünner Film)

Hinweis

Die wasserabweisende Wirkung dieser Farbanstriche beruht auf ihrem Gehalt an siliciumorganischen Verbindungen (Siliconen), aus denen auch Hydrophobierungsmittel bestehen.

Dies ist nicht zu verwechseln mit dem sog. Lotus-Effekt, der auf einer mikrorauen Oberfläche beruht, an der das Wasser abperlt.

1.5.5 Imprägniermittel

Hydrophobierungsmittel

Wirkung bei Putzen und Anstrichmitteln:
- Verringerung der Wasseraufnahme
- Erzielen wasserabweisender Eigenschaft
- längere Lebensdauer durch geringere Wasser- und Schadstoffaufnahme
- kein Verschluss der Poren
- keine Hilfe gegen drückendes Wasser
- genaue Wirkung auf den Putz nicht sicher voraussagbar, daher Musterfläche erforderlich

Anforderungen an Hydrophobierungsmittel:
- sollen gut in den Untergrund eindringen
- sollen klebfrei auftrocknen

- dürfen keine schädigenden Bestandteile enthalten
- sollten nicht vergilben
- sollten den Farbton des Putzes bzw. des Farbanstrichs nicht verändern

Eigenschaften:
- stark wasserabweisend
- kapillare Wasseraufnahme reduzierend
- alkali- und witterungsbeständig

Der **wasserabweisender Effekt**
- wird beeinträchtigt durch Verschmutzungen und klebrige Beläge (Baumharze, Biofilme aus Bakterien) und
- kann meist durch eine Reinigung wiederhergestellt werden.

historische Hydrophobierungsmittel:
- Leim
- Gelatine
- Wasserglas
- Lein- oder Mohnöl
- organische Harze

Alle diese Mittel hatten sowohl technische als auch ästhetische **Nachteile**, z. B.
- waren sie meist nicht lange haltbar und
- schädigten oft die Bausubstanz.

Moderne Hydrophobierungsmittel sind
- siliciumorganische Verbindungen,
  - in Wasser gelöst,
  - als Creme,
  - in organischen Lösemitteln gelöst sowie
- alle UV-beständig.

siliciumorganische Verbindungen:
- Silane, in organischen Lösemitteln gelöst
- Siloxane, in organischen Lösemitteln gelöst
- Siliconate, in Wasser gelöst
- Silicon-Mikroemulsionen als Konzentrat
- bei allen Siliconharzbildung durch Reaktion mit Wasser und dem CO_2 der Luft

Lösemittelhaltige Hydrophobierungsmittel
- dringen zwar tiefer in den Baustoff ein als wässrige,
- sind jedoch Gefahrstoffe, die besondere Vorsichtsmaßnahmen erfordern oder ganz vermieden werden sollten.

Silicon-Mikroemulsion:
- wasserlösliches Konzentrat aus Silanen und Siloxanen
- beim Verdünnen mit Wasser sofortiger Eintritt der Reaktion zu Siliconharz
- daher keine Vorratslösungen herstellbar
- sofortige Verarbeitung nach dem Verdünnen auf der Baustelle erforderlich

cremeartige Hydrophobierungsmittel:
- Silan- oder Siloxan-Emulsionen
- Auftrag in einem Arbeitsgang und in einer dickeren Schicht als flüssige Hydrophobierungsmittel
- aufgrund der Konsistenz sogar Auftrag über Kopf möglich

Prüfung der **genauen Wirkung** eines Hydrophobierungsmittels auf den Putz:
- Anlegen einer Musterfläche
- Bestimmung des Verbrauchs (je nach Saugfähigkeit des Untergrundes sehr unterschiedlich)

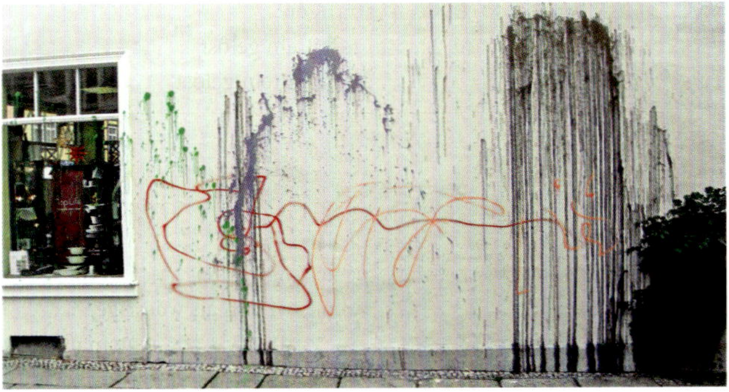

Abb. 1.15: Verschmutzung einer Putzfläche durch Farbaufträge

- nach einigen Tagen Beurteilung der Wirksamkeit (Abperlen von aufgespritzem Wasser, Prüfen der Wasseraufnahme mit dem „Karsten'schen Prüfröhrchen“), der Eindringtiefe (Messung an einer entnommenen Probe) und des Aussehens (Auftritt und Akzeptierbarkeit einer Intensivierung des Farbtons)

Anti-Graffiti-Systeme

- Verhinderung oder leichtere Entfernung unerwünschter Farbaufträge (Abb. 1.15) auf
  - mineralischen Baustoffen (Natur- und Werkstein)
  - zementhaltigen Putzflächen
  - Metallen
  - Holz
  - Kunststoffen
  - Glas
  - Farbanstrichen

- Wirkung wasserabweisend (hydrophobierend) und/oder ölabweisend (oleophobierend)

Permanente Systeme
- bestehen meist aus zweikomponentigen Harzen oder Lacken,
- sind nicht oder nur gering wasserdampfdurchlässig (daher auf Putzen eher selten eingesetzt),
- bilden eine bleibende Sperrschicht, die nach der Reinigung mit Lösemitteln weiterhin wirksam ist.

Semipermanente Systeme
- bestehen aus siliciumorganischen Verbindungen (Siliconen) und speziellen Wachsen,
- können einschichtig sein, dann wird die Oberfläche bei der Reinigung angelöst und abgetragen (Auftrag einer neuen Schicht nach der Reinigung erforderlich),
- können mehrschichtig sein, dann bestehen sie aus einer
  - Grundschicht, die bestehen bleibt und
  - einer Opferschicht, die bei der Reinigung entfernt wird (Auftrag einer neuen Opferschicht nach der Reinigung erforderlich).

Temporäre Systeme
- sind eine Imprägnierung, die bei der Reinigung mit Wasser entfernt wird und
- müssen nach der Reinigung erneut aufgetragen werden.

weitere Informationen, z. B. über Untersuchung und Beurteilung des Untergrunds zur Auswahl des passenden Systems:
- WTA-Merkblatt 2-5-97/D (WTA, 1998)
- WTA-Merkblatt 2-8-04/D (WTA, 2005)

Hinweis

Die Schutzwirkung von Anti-Graffiti-Systemen ist begrenzt. Sie liegt zwischen 5 und 10 Jahren.

Festiger

- Zuführung eines neuen Bindemittels zu einem sandenden oder mehlenden Putz
- ohne deutliche Beeinträchtigung der Diffusionseigenschaften des Putzes

Als Festiger werden eingesetzt:
- wässrige Silikate (Wasserglas)
- Kieselsäureester

wässrige Silikate:
- gute Reaktion mit relativ jungen alkalischen Untergründen (Kalkputz, Kalkzementputz, Zementputz, Beton)
- keine Reaktion mit älteren, schon neutralen Untergründen (Silikat trocknet auf, bildet eine glasartige Schicht mit weißem Film, wird spröde)

Kieselsäureester:
- tieferes Eindringen in den Untergrund als wässrige Silikate aufgrund des enthaltenen Alkohols
- Reaktion mit dem CO_2 der Luft
- dadurch auf fast allen Untergründen einsetzbar

Tiefgrund

- geringere Wirksamkeit als spezielle Festiger
- Einsatz lediglich zur Festigung der Oberfläche eines Putzgrundes

Wässriger Tiefgrund

- enthält meist Alkalisilikate (Wasserglas),
- ist ähnlich zusammengesetzt wie eine Silikatfarbe,
- dringt so weit in den Putzgrund ein wie Wasser.

Hinweis

> Oft ist es einfacher und wirtschaftlicher, die geschädigten Bereiche vollständig zu entfernen und zu ersetzen, als einen Tiefgrund einzusetzen.

Biozide

Diese Mittel

- verhindern oder bekämpfen den **Befall** durch Mikroorganismen (z. B. **Algen** und **Pilze**),
- können auch in Anstrichmitteln enthalten sein, um sie resistent gegen Mikroorganismen zu machen,
- müssen bei der Bundesanstalt für Arbeitsschutz und Arbeitsmedizin (BAuA) registriert sein (Nachweis auf den Gebinden und in den technischen Merkblättern durch Registriernummer).

1.6 Regelwerke

Ordnung des Bauens in Deutschland:

- Gesetze (nicht für Putze, da sie keine sicherheitsrelevanten Bereiche betreffen)
- Regelwerke
- freiwillig unter den Beteiligten vereinbarte technische Regeln

Wertung des Bundesgerichtshofes, was im Bauwesen gilt:

- an erster Stelle, was vertraglich vereinbart wurde (solange diese Vereinbarung nicht den Technischen Baubestimmungen widerspricht)
- an zweiter Stelle die allgemein anerkannten Regeln der Technik als vertragliches Mindestmaß (wenn keine vertragliche Vereinbarung vorliegt)
- an dritter Stelle Normen (als private technische Regelungen mit Empfehlungscharakter)

Definition

allgemein anerkannte Regeln der Technik gemäß Bundesverfassungsgericht:

- von der Mehrheit der Fachleute anerkannt
- wissenschaftlich begründet
- praktisch erprobt
- ausreichend bewährt

Regelwerke:

- Normen
- Arbeitsblätter
- Richtlinien
- Merkblätter
- Herstellerbeschreibungen
- Sicherheitsdatenblätter
- Nachweise

Tabelle 1.21: Regelwerke für Putze und verwandte Materialien

Putz/Material	Bezeichnung	Regelwerk
Zementputze	GP	DIN EN 998-1
	P III	DIN V 18550
Dichtungsschlämmen	• MDS, rissüberbrückend • MDS, nicht rissüberbrückend	DIN 18195-2
	• mineralische Dichtungsschlämmen • flexible Dichtungsschlämmen	Richtlinien Deutsche Bauchemie (Deutsche Bauchemie, 2002, 2006)
Opferputze	• OP-I • OP-A	WTA-Merkblatt 2-10-06/D (WTA, 2006)
Grundputze (in Sanierputzsystemen)	GP	DIN EN 998-1
	Grundputz-WTA	WTA-Merkblatt 2-9-04/D (WTA, 2005)
Sanierputze	R	DIN EN 998-1
	Sanierputz	DIN V 18550
	Sanierputz-WTA	WTA-Merkblatt 2-9-04/D (WTA, 2005)
Restauriermörtel	• Restauriermörtel • Steinersatzstoff	WTA-Merkblatt 3-11-97/D (WTA, 1997)
Kalkzementputze	GP	DIN EN 998-1
	P II	DIN V 18550
Einlagenputze[1)]	OC	DIN EN 998-1

Tabelle 1.21: Fortsetzung

Putz/Material	Bezeichnung	Regelwerk
Kalkputze	GP	DIN EN 998-1
	P I	DIN V 18550
Gipsputze	P IV	DIN V 18550
Lehmputze	–	–
Leichtputze	LW	DIN EN 998-1
Wärmedämm-putze	T	DIN EN 998-1
Kunstharzputze	• P Org 1 • P Org 2	DIN 18558, DIN V 18550

GP General Purpose Mortar (Normalputzmörtel)
LW Light Weight Mortar (Leichtputzmörtel)
CR Coloured Render (Edelputzmörtel)
OC One Coat Mortar (Einlagenputzmörtel für außen)
R Renovation Mortar (Sanierputzmörtel)
T Thermal Mortar (Wärmedämmputzmörtel)
MDS mineralische Dichtungsschlämme
P Putz
Org organisch
OP-I Opferputz gegen Einflüsse von innen
OP-A Opferputz gegen Einflüsse von außen
1) Einlagenputzmörtel für außen sind gemäß Definition der DIN EN 998-1, Abschnitt 3.5.4: *„(meist farbige) Mörtel, die in einer Lage verarbeitet werden und dieselben Funktionen erfüllen, die von einem mehrlagigen Außenputz-System gefordert werden."*

Hinweis

Normen, Arbeitsblätter und Richtlinien sind Empfehlungen.

Merkblätter geben lediglich Hinweise.

Formulierungen:

- oft entscheidend für die Auslegung bei Texten von Regelwerken
- Bedeutung daher genau abzuwägen (Tabelle 1.22)

Tabelle 1.22: Formulierungen und ihre Bedeutung in Regelwerken

Wortlaut	Konsequenz	Bedeutung
muss/müssen	unbedingt einzuhalten	Gebot
darf nicht/dürfen nicht	unbedingt einzuhalten	Verbot
soll/sollen soll nicht/sollen nicht	freiwillig einzuhalten	Regel
darf/dürfen muss nicht/müssen nicht	freigestellt	Erlaubnis
sollte/sollten sollte nicht/sollten nicht	angeraten	Empfehlung
kann/können kann nicht/können nicht	unverbindlich	Möglichkeit

1.6.1 Normen

- Beweisregeln für technisch einwandfreies Verhalten
- für den Neubaubereich ausgelegt
- gelten nicht oder nur sehr eingeschränkt für das Bauen im Bestand
- keine Gesetze
- können zum Erfüllen gesetzlicher Anforderungen beitragen, wenn sie als Technische Baubestimmungen eingeführt sind

Arten von Normen:

- Produkt- oder Stoffnormen (beschreiben Produkte oder Produktgruppen und legen Anforderungsprofile fest)
- Prüfnormen (regeln die Prüfung der in den Stoffnormen behandelten Produkte)
- Verfahrens- oder Bauweisennormen (beschreiben die Anwendung der Produkte)

Hinweis

Oft werden auch mehrere der Bereiche von Normarten in einer einzigen Norm abgehandelt.

Definition

Vornorm nach DIN V 18550, Vorwort:
„... das Ergebnis einer Normungsarbeit, das wegen bestimmter Vorbehalte zum Inhalt oder wegen des gegenüber einer Norm abweichenden Aufstellungsverfahrens vom DIN noch nicht als Norm herausgegeben wird."

Produktnormen für Putze:

- deutsche Normreihe DIN 18550 nicht mehr in Kraft, wurde 2005 von europäischer Norm DIN EN 998-1 abgelöst
- DIN EN 998-1 gilt nicht für Gipsputze
- zusätzlich Vornorm DIN V 18850
- Mörtelgruppen aus DIN 18550-2 in DIN V 18550 beibehalten

Prüfnormen für Putze:

- Die Prüfung erfolgt nach der Normenreihe DIN EN 1015 „Prüfverfahren für Mörtel für Mauerwerk" (1998 bis 2007).
- Für Prüfungen, die darin nicht erfasst werden, gilt weiterhin die Normenreihe DIN 18555 „Prüfung von Mörteln mit mineralischen Bindemitteln" (1982 bis 1987).

Verfahrensnormen für Putze:

- DIN EN 13914-1 und -2
- noch keine Vertragsnormen in Deutschland, werden jedoch vermehrt zitiert

Vergabe- und Vertragsordnung für Bauleistungen (VOB):

- Teil der deutschen Rechtsordnung
- gliedert sich in die Teile A, B und C

VOB/A (DIN 1960):

- Regelung der Verfahren zur Vergabe von Bauaufträgen, die mit öffentlichen Mitteln finanziert werden
- umfasst Ausschreibungsverfahren und Angebotserstellung bis hin zum Zuschlag für einen Bieter
- bei privaten Bauaufträgen Entscheidung des Bauherrn, ob er die Vertragspartner nach VOB auswählt

VOB/B (DIN 1961):
- Regelung der Ausführung von Bauleistungen
- Ergänzung und Präzisierung der gesetzlichen Bestimmungen

VOB/C:
- Allgemeine Technische Vertragsbedingungen (ATV)
- Regelung der Einzelheiten zur Ausführung und Abrechnung von Bauleistungen
- für die Verarbeitung von Putzen von Bedeutung:
  - ATV DIN 18336 „Abdichtungsarbeiten" (2012)
  - ATV DIN 18350 „Putz- und Stuckarbeiten" (2012)
  - ATV DIN 18363 „Maler- und Lackierarbeiten – Beschichtungen" (2012)

Hinweis

Mitunter finden sich in den Normen Hinweise auf andere Regelwerke (z. B. WTA-Merkblätter), wenn die Normen für bestimmte Materialien oder Verarbeitungsweisen nicht angewandt werden können.

1.6.2 Arbeitsblätter, Richtlinien und Merkblätter

Arbeitsblätter des **Deutschen Vereins des Gas- und Wasserfachs** (DVGW):
- rechtlich ähnliche Bedeutung wie Normen
- Regelung u. a. der Anforderungen an Putze, die mit Trinkwasser in Kontakt kommen oder in Trinkwasserschutzzonen eingesetzt werden
- Regelung der Planung und Verarbeitung solcher Putze

wichtigste **Arbeitsblätter** für diesen Bereich:

- DVGW-Arbeitsblatt W 300 „Wasserspeicherung – Planung, Bau, Betrieb und Instandhaltung von Wasserbehältern in der Trinkwasserversorgung" (DVGW, 2005)
- DVGW-Arbeitsblatt W 316-1 „Instandsetzung von Trinkwasserbehältern – Qualifikationskriterien für Fachunternehmen" (DVGW, 2004)
- DVGW-Arbeitsblatt W 316-2 „Fachaufsicht und Fachpersonal für die Instandsetzung von Trinkwasserbehältern; Lehr- und Prüfungsplan" (DVGW, 2004)
- DVGW-Arbeitsblatt W 347 „Hygienische Anforderungen an zementgebundene Werkstoffe im Trinkwasserbereich – Prüfung und Bewertung" (DVGW, 2006)

Richtlinien und Merkblätter:

- meist von den zuständigen Fachverbänden erarbeitet und herausgegeben
- im Folgenden Aufstellung der wichtigsten Richtlinien und Merkblätter für die Arbeit mit Putzen (zu Bezugsquellen siehe Kapitel 4.2)

Richtlinien der **Deutschen Bauchemie:**

- „Planung und Ausführung von Abdichtungen mit mineralischen Dichtungsschlämmen – Richtlinie" (Deutsche Bauchemie, 2002)
- „Planung und Ausführung von Abdichtungen mit flexiblen Dichtungsschlämmen – Richtlinie" (Deutsche Bauchemie, 2006)

Leitlinie des **Industrieverbandes WerkMörtel** (IWM):
„Leitlinie für das Verputzen von Mauerwerk und Beton"
(IWM, 2007)

Merkblätter der **Wissenschaftlich-Technischen Arbeitsgemeinschaft für Bauwerkserhaltung und Denkmalpflege** (WTA):

- WTA-Merkblatt 2-4-08/D „Beurteilung und Instandsetzung gerissener Putze an Fassaden" (WTA, 2008)
- WTA-Merkblatt 2-7-01/D „Kalkputze in der Denkmalpflege" (WTA, 2002)
- WTA-Merkblatt 2-9-04/D „Sanierputzsysteme" (WTA, 2005)
- WTA-Merkblatt 2-10-06/D „Opferputze" (WTA, 2006)
- WTA-Merkblatt 3-11-97/D „Anwendungstechnik in der Natursteinrestaurierung – Steinergänzung mit Restauriermörteln und Steinersatzstoffen" (WTA, 1997)
- WTA-Merkblatt 3-13-01/D „Zerstörungsfreies Entsalzen von Naturstein und anderen porösen Baustoffen mittels Kompressen" (WTA, 2003)
- WTA-Merkblatt 4-6-05/D „Nachträgliches Abdichten erdberührter Bauteile" (WTA, 2005)

Merkblatt des **Zentralverbandes Deutsches Baugewerbe** (ZDB):
Merkblatt „Toleranzen im Hochbau nach 18202" (ZDB, 2007)

Merkblatt der **Industriegruppe Baugipse** (IGB):
Merkblatt Nr. 3 „Putzoberflächen im Innenbereich" (IGB, 2011)

Hinweise des **Deutschen Holz- und Bautenschutz-Verbandes** (DHBV):

- Hinweis Nr. 1 „Außenabdichtung" (DHBV, 1995)
- Hinweis Nr. 2 „Nachträgliche Kellerabdichtung" (DHBV, 1995)

1.6.3 Herstellerinformationen

- Der Hersteller ist verantwortlich für die von ihm gelieferten Produkte.
- In der Beschreibung geht er über die Angaben in Regelwerken hinaus, die nur allgemein sein können.
- Zum Nachweis der Herstellerangaben werden oft Prüfzeugnisse angeführt.

Herstellerangaben:

- auch Aufschriften auf Verpackung, Etikett oder Begleitpapieren
- Angaben bindend
- beinhalten auch Gefahren- und Sicherheitshinweise sowie Hinweise zur Lagerung und Entsorgung (siehe hierzu Kapitel 1.6.4)

Herstellerbeschreibung:

Der Hersteller erklärt in seinen technischen Unterlagen für seine Produkte

- die Anwendung,
- die zugesicherten Eigenschaften,
- die Verarbeitungsweise.

zugesicherte Eigenschaften:
- physikalische Eigenschaften betreffend
- Beschreibung der Brauchbarkeit
- Bestandteil der Gewährleistung
- rechtsverbindlich

Hinweis

Ein vertragliches Verhältnis besteht nur zwischen dem Auftraggeber und dem Verarbeiter. Der Verarbeiter kann jedoch den Materialhersteller mit in die Verantwortung nehmen, beispielsweise wenn es um die Gewährleistung geht.

Leistungserklärung:
- von Herstellern ab 1. Juli 2013 zu verfassen (Bauproduktenverordnung)
- für Produkte, für die es europäische Normen gibt oder für die eine Europäische Technische Bewertung erteilt wurde (werden mit CE-Kennzeichnung versehen, siehe Kapitel 1.6.5)

Angaben in der Leistungserklärung:
- Codes bzw. Nummern zur Identifizierung des Produkts
- Verwendungszweck
- zutreffende europäische Norm oder Europäische Technische Bewertung
- Prüfstelle
- Prüfergebnisse
- Leistungen des Produkts:
  - mechanische Festigkeit und Standsicherheit
  - Brandschutz (relevant für Putze)

- Hygiene, Gesundheit und Umweltschutz (relevant für Putze)
- Sicherheit und Barrierefreiheit bei der Nutzung
- Schallschutz (relevant für Putze)
- Energieeinsparung und Wärmeschutz (relevant für Putze)
- nachhaltige Nutzung der natürlichen Ressourcen

- Bestätigung des Herstellers

Brandschutz:
Bei einem Brand darf der Putz nicht dazu beitragen,

- dass die Tragfähigkeit des Bauwerks gefährdet ist oder
- Feuer und Rauch sich innerhalb des Bauwerks ausbreiten.

Hygiene, Gesundheit und **Umweltschutz:**
Das Bauwerk ist so zu entwerfen und auszuführen, dass

- während der gesamten Lebensdauer des Bauwerks (Errichtung, Nutzung, Abriss) keine Gefährdung der Hygiene, Gesundheit und Sicherheit von Arbeitnehmern, Bewohnern oder Anwohnern eintritt und
- keine Auswirkungen auf die Umweltqualität oder das Klima entstehen.

Bedeutung für **Putze:**

- kein Freisetzen giftiger Gase
- keine Abgabe gefährlicher Stoffe (flüchtiger organischer Verbindungen, gefährlicher Partikel und Treibhausgase) in die Innen- und Außenluft
- keine Aussendung gefährlicher Strahlen
- keine Freisetzung gefährlicher Stoffe in Grundwasser, Meeresgewässer, Oberflächengewässer oder Boden
- keine Freisetzung Trinkwasser gefährdender Stoffe

- keine Weiterleitung von Feuchtigkeit in Teile des Bauwerks und auf Oberflächen im Bauwerk

Hinweis

Diese Punkte gelten nicht nur beim direkten Kontakt mit dem Putz, sondern beispielsweise auch, wenn Regenwasser über die Oberfläche abfließt und Stoffe aus dem Putz aufnimmt.

nachhaltige Nutzung der natürlichen **Ressourcen:**

- Einsatz umweltverträglicher Rohstoffe (trifft für Putze weitgehend zu)
- Baustoffe nach dem Abriss recyclebar

Hinweis

Bei Putzen, die für ein bestimmtes Bauobjekt entwickelt wurden, wird die Anwendung nur auf diesen speziellen Fall begrenzt. Die Leistungserklärung kann dann nicht auf andere Objekte übertragen werden.

1.6.4 Sicherheitsdatenblätter

- Erstellung verpflichtend für Materialhersteller **gefährlicher Stoffe** und **Zubereitungen** (Mischungen aus mehreren Stoffen, z. B. Putze)
- ständige Aktualisierung notwendig
- nur für berufsmäßige Verwender bestimmt (müssen bei der ersten Bestellung Sicherheitsdatenblatt automatisch erhalten; aber auch für private Verwender ratsam, nach dem Sicherheitsdatenblatt zu fragen und sich sachkundig zu machen)

- bei Einstufung von Zubereitungen als nicht gefährlich Sicherheitsdatenblatt nur dann erforderlich, wenn gesundheitsgefährdende oder umweltgefährliche Stoffe in einer Konzentration über 1 % enthalten sind
- von den meisten Herstellern Sicherheitsdatenblatt für jedes ihrer Produkte vorweisbar

wesentliche Aussagen im Sicherheitsdatenblatt:

- welche Gefahren von dem Produkt ausgehen
- was bei einem Unfall oder einem Verschütten des Produktes zu unternehmen ist
- wie man sich schützen kann
- wie die Entsorgung zu regeln ist
- welche Sicherheitsmaßnahmen beim Transport zu treffen sind

Angaben im Einzelnen (in europäischen Verordnungen festgelegt):

- Bezeichnung des Stoffes bzw. des Gemisches (der Zubereitung)
- Bezeichnung des Unternehmens
- mögliche Gefahren
- Zusammensetzung/Angaben zu Bestandteilen
- Erste-Hilfe-Maßnahmen
- Maßnahmen zur Brandbekämpfung
- Maßnahmen bei unabsichtlicher Freisetzung
- Handhabung und Lagerung
- Begrenzung und Überwachung der Exposition/persönliche Schutzausrüstung
- physikalische und chemische Eigenschaften
- Stabilität und Reaktivität

- toxikologische Angaben
- umweltbezogene Angaben
- Hinweise zur Entsorgung
- Angaben zum Transport
- Rechtsvorschriften

Hinweis

Die Angaben beziehen sich auf das Produkt im Lieferzustand, nicht im verarbeiteten Zustand!

Gefahrstoff versus **Gefahrgut:**

- Gefahrstoffe sind alle Produkte, die mit einem Warnhinweis gekennzeichnet sind (Kennzeichnung der gefährlichen Eigenschaften, Gefährlichkeitsmerkmale).
- Gefahrgüter sind Produkte, von denen bei einem Unfall während des Transports eine besondere Gefahr ausgehen kann.

Kennzeichnung:

- bisher orangefarbene, rechteckige Kennzeichen mit entsprechenden Symbolen (nur in Europa gültig, dürfen noch in einer Übergangszeit bis 2017 verwendet werden)
- ab 1. Dezember 2008 Kennzeichen nach dem Globally Harmonized System of Classification, Labelling and Packaging of Chemicals (GHS-System) eingeführt (rotumrandete, auf die Spitze gestellte Quadrate mit entsprechendem Symbol)
- neue Kennzeichnung für Zubereitungen (also auch für Putze) ab 2015 vorgeschrieben

Tabelle 1.23: Gefahrstoffkennzeichnung

bisherige Kennzeichnung (nur EU, Übergangsfrist bis 2017)		**Kennzeichnung ab 2008 (weltweit, verpflichtend ab 2015)**	
Gefährlichkeitsmerkmal (Abkürzung in Klammern)	**Symbol**	**Gefährlichkeitsmerkmal (Abkürzung in Klammern)**	**Symbol**
explosionsgefährlich (E)		explosiv (GHS01)	
brandfördernd (O)		oxidierend (GHS03)	
hochentzündlich (F+)		entzündlich (GHS02)	
leichtentzündlich (F)			
sehr giftig (T+)		giftig (GHS06)	
giftig (T)			

Tabelle 1.23: Fortsetzung

bisherige Kennzeichnung (nur EU, Übergangsfrist bis 2017)		**Kennzeichnung ab 2008 (weltweit, verpflichtend ab 2015)**	
Gefährlichkeitsmerkmal (Abkürzung in Klammern)	**Symbol**	**Gefährlichkeitsmerkmal (Abkürzung in Klammern)**	**Symbol**
gesundheitsschädlich (Xn)		sensibilisierend obere Kategorie (GHS08)	
reizend (Xi)		sensibilisierend untere Kategorie (GHS07)	
ätzend (C)	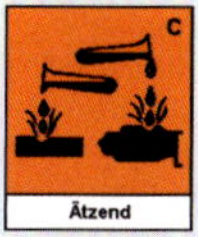	ätzend (GHS06)	
umweltgefährlich (N)		umweltgefährlich (GHS09)	
–	–	komprimierte Gase (GHS04)	

Gefahrenhinweise und **Sicherheitsratschläge:**

- sog. R- und S-Sätze (bisherige Kennzeichnung) bzw. H- und P-Sätze (neue Kennzeichnung)

- zusätzlicher Aufdruck auf den Gebinden zu den Gefahrstoffkennzeichen erforderlich
- müssen nicht nur als Zahlencode, sondern im Wortlaut wiedergegeben sein

Beispiel

Zementputze:

- Gefahrensymbol Xi (reizend) bzw. GHS07 (sensibilisierend, untere Kategorie)
- Gefahrenhinweise und Sicherheitsratschläge siehe Tabelle 1.24
- bei zementhaltigen Produkten Angaben über den Chromatgehalt des Produktes erforderlich (siehe auch Kapitel 1.3.1.1, Praxistipp unter „Zemente“)

Tabelle 1.24: R- und S-Sätze sowie H- und P-Sätze für Zementputze

bisher (nur EU, Übergangsfrist bis 2017)	ab 2008 (weltweit)

Gefahrenhinweise (R-Sätze)	**Gefährdungshinweise (H-Sätze)**
• R 38 Reizt die Haut. • R 41 Gefahr ernster Augenschäden.	• H315 Verursacht Hautreizungen. • H317 Kann allergische Hautreaktionen verursachen. • H318 Verursacht schwere Augenschäden. • H335 Kann die Atemwege reizen.

Tabelle 1.24: Fortsetzung

Sicherheitsratschläge (S-Sätze)	Prävention (P-Sätze)
S 2 Darf nicht in die Hände von Kindern gelangen.	P102 Darf nicht in die Hände von Kindern gelangen.
S 22 Staub nicht einatmen.	P261+P304+P340+P312 Einatmen von Staub vermeiden. Beim Einatmen: Die betroffene Person an die frische Luft bringen und in einer Position ruhig stellen, in der sie leicht atmet. Bei Unwohlsein Giftinformationszentrum oder Arzt anrufen.
S 24 Berührung mit der Haut vermeiden.	P302+P353+P333+P313 Bei Berührung mit der Haut: Mit viel Wasser und Seife waschen. Bei Hautreizung oder -ausschlag: Ärztlichen Rat einholen/ärztliche Hilfe hinzuziehen.
S 26 Bei Berührung mit den Augen gründlich mit Wasser abspülen und Arzt konsultieren.	P305+P351+P338+P310 Bei Berührung mit den Augen: Einige Minuten lang behutsam mit Wasser ausspülen. Eventuell vorhandene Kontaktlinsen nach Möglichkeit entfernen. Weiter ausspülen. Sofort Giftinformationszentrum oder Arzt anrufen.
S 37/39 Bei der Arbeit geeignete Schutzhandschuhe und Schutzbrille/ Gesichtsschutz tragen.	P280 Schutzhandschuhe/Schutzkleidung/ Augenschutz tragen.
S 46 Bei Verschlucken sofort ärztlichen Rat einholen und Verpackung oder Etikett vorzeigen.	P 301+310 Bei Verschlucken sofort Giftinformationszentrum oder Arzt anrufen.
S 60 Dieses Produkt und sein Behälter sind als gefährlicher Abfall zu entsorgen.	P501 Inhalt/Behälter zu geeigneten Abfallsammelpunkten bringen.

R risk (Gefahr)
S safety (Sicherheit)
H hazard (Gefährdung)
P precaution (Vorsicht)

1.6.5 Nachweise

- Voraussetzung für die Planung genormter und individueller Bauweisen
- ermöglichen Beurteilung der Gleichwertigkeit von Produkten verschiedener Anbieter

in einer **Norm erfasste Bauprodukte** (Putze):
- keine automatische Verwendungserlaubnis ohne Nachweis
- Angabe in der Norm, welche Nachweise nach welchen Vorschriften erforderlich sind
- Bezug von Stoffnormen in der Regel auf Prüfnormen oder andere Prüfrichtlinien (z. B. des DIBt)
- für bestimmte Baustoffe Prüfvorschriften auch in anderen Regelwerken

Altbaubereich:
- nur wenige allgemeingültige Regelwerke
- meist Beratung des Materialherstellers mit Planer/Auftraggeber und Prüfstelle über Prüfungen erforderlich, die sichere Aussage über geforderte Eigenschaften liefern

Bauregelliste:
- Geregelte Bauprodukte entsprechen den in der Bauregelliste A Teil 1 aufgeführten technischen Regeln.
- Nicht geregelte Bauprodukte
  - weichen wesentlich davon ab,
  - unterliegen keinen Technischen Baubestimmungen oder
  - entsprechen nicht den allgemein anerkannten Regeln der Technik,
  - benötigen eine allgemeine bauaufsichtliche Zulassung (abZ) oder

- eine Europäische Technische Zulassung (ETZ, wird mit Inkrafttreten der Bauproduktenverordnung am 1. Juli 2013 durch Europäische Technische Bewertung [ETB] ersetzt).

Nachweise für Putze:

- bei Putzen keine erheblichen Anforderungen an die Sicherheit baulicher Anlagen
- statt abZ allgemeines bauaufsichtliches Prüfzeugnis (abP) ausreichend
- Verwendbarkeitsnachweis durch eine Zustimmung im Einzelfall (ZiE) erforderlich, wenn weder abZ noch abP erteilt werden kann
- mitunter auch Prüfberichte über bestimmte Eigenschaften ausreichend

Übereinstimmungszeichen (**Ü-Zeichen**):

- auf Gebinden und Lieferscheinen angebracht
- Bestätigung der Übereinstimmung des angebotenen Produktes mit dem geprüften Produkt
- Bestätigung der Durchführung einer regelmäßigen werkseigenen Produktionskontrolle
- Angaben im Ü-Zeichen siehe Abb.1.16

Conformité-Européenne-Kennzeichnung (**CE-Kennzeichnung**):

- auf Gebinden und Lieferscheinen angebracht
- kein Qualitätsnachweis
- Bestätigung der Erfüllung der Mindestanforderungen der entsprechenden europäischen Norm

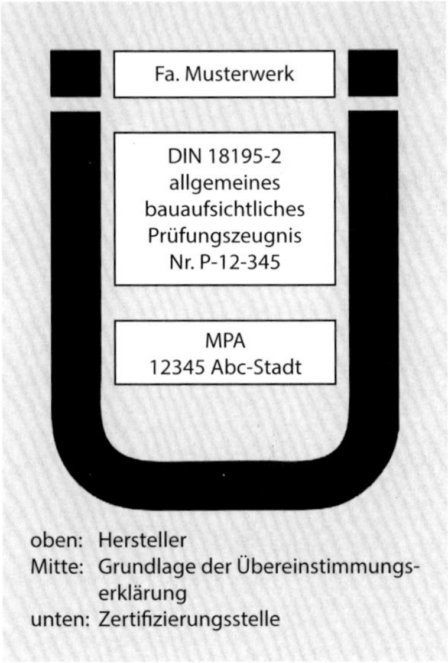

Abb. 1.16: Angaben im Ü-Zeichen am Beispiel einer mineralischen Dichtungsschlämme

- Bestätigung der Verwendungserlaubnis des Produkts in der gesamten EU
- Angaben im CE-Zeichen siehe Abb.1.18 und 1.19

WTA-Zertifizierung:

- WTA-Zertifikate werden von der WTA für Bauprodukte, z. B. für Sanierputzsysteme, ausgestellt.
- Das Zertifikat wird für Sanierputzsysteme ausgestellt, wenn sie die Anforderungen des WTA-Merkblatts 2-9-04/D erfüllen.

Abb. 1.17: WTA-Verbandszeichen zur Kennzeichnung von Produkten, die durch die WTA zertifiziert wurden (Quelle: WTA, Pfaffenhofen)

- Dazu überprüft ein unabhängiger Zertifizierungsausschuss
  - die technischen Daten (Prüfzeugnis einer anerkannten Prüfstelle),
  - die Erfüllung der verbalen Anforderungen des Merkblatts (z. B. an die Zusammensetzung),
  - die Durchführung der jährlichen Fremdüberwachung.
- Zur Dokumentation dürfen die Gebinde und technischen Merkblätter mit dem WTA-Verbandszeichen (Abb. 1.17) gekennzeichnet werden.
- Das Zertifikat gilt für 2 Jahre, danach muss es erneut beantragt werden.

Angaben im CE-Zeichen	Erläuterung
CE	CE-Symbol
Fa. Musterwerk **12345 Musterstadt**	Name und Anschrift des Herstellers
05	letzte beiden Ziffern des Jahres, in dem die CE-Kennzeichnung erstmals angebracht wurde
EN 998-1	Nummer der europäischen Norm
GP – Normalputzmörtel für innen und außen	Beschreibung des Produkts gemäß Norm
Druckfestigkeit: CS II **Haftzugfestigkeit: > 0,1 N/mm² Bruchbild A** **kapillare Wasseraufnahme: W 2** **Koeffizient der Wasserdampfdurchlässigkeit: $\mu \leq 20$** **Wärmeleitfähigkeit: LNB** **Brandverhalten: A1** **Dauerhaftigkeit: LNB**	Angaben über Eigenschaften

LNB Leistungsmerkmal nicht bestimmt (manchmal auch KLF für „keine Leistung festgestellt"): zurzeit keine Anforderungen definiert oder keine Prüfrichtlinien existent

Abb. 1.18: Angaben im CE-Zeichen am Beispiel eines Normalputzmörtels bis 30. Juni 2013

Angabe im CE-Zeichen	Erläuterung
CE	CE-Symbol
1234	Kennnummer der notifizierten Stelle
Fa. Musterwerk **12345 Musterstadt**	Name und Anschrift des Herstellers
13	letzte beiden Ziffern des Jahres, in dem die CE-Kennzeichnung erstmals angebracht wurde
7890	Nummer der Leistungserklärung
EN 998-1:2010-12	Nummer und Ausgabejahr der europäischen Norm
GP – Normalputzmörtel **für innen und außen**	Beschreibung des Produkts gemäß Norm
Druckfestigkeit: erfüllt **Haftzugfestigkeit: erfüllt** **Brandverhalten: erfüllt** **gefährliche Substanzen: NPD** **Wärmeleitfähigkeit: NPD** **Dauerhaftigkeit: NPD**	erklärte Leistung zu den festgelegten wesentlichen Merkmalen

NPD no performance determinded: zurzeit keine Anforderungen definiert oder keine Prüfrichtlinien existent

Abb. 1.19: Angaben im CE-Zeichen am Beispiel eines Normalputzmörtels ab 1. Juli 2013

2 Planung und Ausführung von Putzarbeiten

2.1 Planung

Die Planung umfasst u. a.

- vertragliche Vereinbarungen,
- Bestandsanalyse,
- Ausschreibung, Leistungsbeschreibung und Leistungsverzeichnis,
- Einteilen und Abstimmen der Gewerke und Sonderfachleute,
- Voraussetzungen für Putzarbeiten.

2.1.1 Vertragliche Vereinbarungen

Geltung im Bauwesen:

- Vertragliche Vereinbarungen stehen an erster Stelle (vor allgemein anerkannten Regeln der Technik und Normen),
- insoweit sie nicht den Technischen Baubestimmungen widersprechen (siehe auch Kapitel 1.6).

Werkvertrag

Der Werkvertrag

- ist der im Bausektor übliche Vertrag,
- ist im Bürgerlichen Gesetzbuch (BGB) enthalten,
- wird abgeschlossen für Beratung, Materialherstellung, Materiallieferung, handwerkliche Leistung,

- muss nicht schriftlich festgelegt werden, sondern kann auch automatisch zustande kommen (im Werkvertragsrecht geregelt).

Pflichten des Auftragnehmers aus einem Werkvertrag:

- das versprochene Werk mit dem vereinbarten Erfolg herstellen
- auf methodisch richtige Weise leisten, was vereinbart bzw. versprochen wurde
- im Falle eines Mangels innerhalb einer angemessenen Zeit nachbessern oder den Mangel beseitigen
- eine Wandlung (Vertrag rückgängig machen) oder eine Minderung (Vergütung herabsetzen) akzeptieren, wenn das Nachbessern oder das Beseitigen des Mangels fehlschlägt
- ggf. Schadensersatz leisten, wenn die zugesicherten Eigenschaften fehlen und der Auftragnehmer die Mängel zu vertreten hat

Pflichten des Auftraggebers aus einem Werkvertrag:

- die vereinbarte Vergütung entrichten
- Mängel unverzüglich schriftlich anzeigen
- im Falle eines Mangels zunächst eine kostenlose Mangelbeseitigung bzw. Nachbesserung akzeptieren

Gewährleistung und Mängelansprüche

Die **Gewährleistung**

- ist gesetzlich vorgeschrieben,
- regelt, wie Mängel im Rahmen des Werkvertrags behandelt werden,

- beginnt mit der Abnahme und läuft gemäß VOB/B 4 Jahre,
- kann unter den Parteien auch mit anderen Fristen vereinbart werden,
- übernimmt
  - der Hersteller bei Werkputzmörteln,
  - der Verarbeiter bei Baustellenputzmörteln,
  - der Entwickler der Rezeptur bei für einen speziellen Anwendungszweck entwickelten bzw. formulierten Putzmörteln,
  - der Auftraggeber, sofern er die Verwendung eines bestimmten Baustellenputzmörtels verlangt,
  - der Auftraggeber, der Rezepturentwickler und/oder der Hersteller, wenn der Mörtel nach einer vorgegebenen Rezeptur in einem Werk produziert wird.

Hinweis

Da die Bereiche oft ineinander übergreifen, ist vorher festzulegen, wo die Verantwortlichkeiten im Einzelfall liegen.

Mängel:

- Bei Mängeln ist zunächst zu entscheiden,
  - ob die Funktionsfähigkeit des Putzes gefährdet ist oder
  - ob es sich um eine optische Beeinträchtigung handelt.
- Hilfreich zur Beurteilung ist die Tabelle 2.1.

Tabelle 2.1: Schema zur Beurteilung von Rissen und anderen Unregelmäßigkeiten (Oswald/Abel, 1998)

		Gewicht des optischen Erscheinungsbildes			
Grad der optischen Beeinträchtigung		sehr wichtig	wichtig	eher unbedeutend	unwichtig
	auffällig				
	gut sichtbar	Nachbesserung			
	sichtbar			Minderwert	
	kaum erkennbar				Bagatelle

Beispiel

falscher oder **ungeeigneter Putz:**
Eine Nachbesserung ist äußerst schwierig, da der Putz vollständig entfernt und durch einen anderen ersetzt werden müsste. Daher ist zunächst abzuwägen,

- ob der falsche bzw. ungeeignete Putz akzeptiert werden kann oder
- ob er die gesamte Baumaßnahme gefährdet, vielleicht sogar zunichtemacht.

Oft einigen sich die Parteien darauf, die Gewährleistung zu verlängern. Schadensersatzansprüche kann der Auftraggeber geltend machen, wenn

- Fahrlässigkeit nachgewiesen wird oder
- ihm Schäden durch die Verwendung des falschen bzw. ungeeigneten Putzes entstehen.

Bei fehlerhaften Bauwerksabdichtungen können solche Schäden ganz erheblich sein.

Garantie:

- keine gesetzliche Verpflichtung
- freiwillige Erweiterung der Gewährleistung
- wird vom Materialhersteller, vom Verkäufer oder vom Verarbeiter gegeben
- besagt, dass auftretende Mängel innerhalb einer bestimmten, festgelegten Frist behoben werden

Wartungsvertrag:

- Vertrag zwischen Auftraggeber und Auftragnehmer
- Regelung der Überwachung und Wartung während der Verarbeitung und nach der Fertigstellung
- Regelung der Durchführung regelmäßiger Kontrollen der Putzflächen über einen bestimmten Zeitraum hinweg
- Festlegung von Wartungszonen als Belastungsflächen möglich
- Festlegung, wie Schäden durch den Auftragnehmer zu beseitigen sind

2.1.2 Bestandsanalyse – Untersuchung und Beurteilung

Beim **Neubau** ist

- der Untergrund bekannt und
- geregelt, welcher Putz für welchen Zweck darauf aufgetragen werden kann.

Beim **Bauen im Bestand**

- müssen auch frühere und heutige Arbeitsweisen sowie vorhandene und neue Baustoffe miteinander kombiniert werden,
- sind Untersuchungen des Putzgrunds erforderlich, um den augenblicklichen Zustand beurteilen zu können.

Abb. 2.1: Fachwerkhaus, an dem vorhandene und neue Baustoffe mit neuen Putzen überarbeitet werden müssen

Hinweis

Untersuchungen des Putzgrunds sind nach ATV DIN 18350 „Putz- und Stuckarbeiten“ (2012) immer vorgeschrieben.

Kombination vorhandener und neuer Baustoffe (Abb. 2.1):

- Es gibt technische Grenzen bei der Kombination vorhandener und neuer Putze.
- Der Nachweis der Verträglichkeit untereinander ist erforderlich.
- Dafür ist es notwendig, die Zusammensetzung der Putze sowie deren technische Eigenschaften zu wissen oder zu untersuchen.
- Gleiches gilt für die Verträglichkeit vorhandener und neuer Putzträger, Putzprofile und Bewehrungen.
- Bei der Kombination unterschiedlicher Materialien spielt die Erfahrung oft eine größere Rolle als Regelwerke und Berechnungen.

Putzgrund aus **unterschiedlichen Baustoffen**

- ist ähnlich problematisch wie Mischmauerwerk,

Abb. 2.2: Altarraum der Kirche St. Andreas in Fulda-Neuenberg, wo die Malereien aus den 1950er Jahren mit einem glatten reversiblen Putz überarbeitet wurden (Quelle: Bohl, 1998, S. 198)

Abb. 2.3: Mit reversiblem Putz überarbeitete Malereien in St. Andreas, Fulda-Neuenberg: Der Putz darf die Malereien nicht beschädigen, damit sie später wieder freigelegt werden können.

- hat unterschiedliche Eigenschaften, da er nicht homogen ist,
- führt zu unterschiedlichen Belastungen des vorgesehenen Putzes,
- benötigt genau auf die unterschiedlichen Eigenschaften abgestimmten Putz,
- macht oft Putzträger oder Bewehrungen erforderlich (siehe Kapitel 2.2.1.1 und 2.2.3.4).

Sonderfall neuer **reversibler Putz** (Abb. 2.2 und 2.3):

- Reversible Putze können Opferputze oder speziell für einen bestimmten Anwendungszweck konzipierte Putze sein.
- Der zu schützende oder zu behandelnde Putzgrund darf von dem neuen Putz nicht geschädigt werden.

Bestandsanalysen sind notwendig
- zum Erkennen von Schadensursachen,
- zum Ausschließen nicht notwendiger oder nicht sinnvoller Maßnahmen,
- zum gezielten Bekämpfen von Schadensursachen,
- zum Einsparen von Kosten und Material,
- zum Vermeiden zukünftiger Schäden,
- als Nachweis des Sanierungserfolges oder Qualitätskontrolle.

Die **Bestandsaufnahme**
- muss großflächig, komplett und sorgfältig sein,
- dient als Grundlage für den Sanierungsvorschlag und die Leistungsbeschreibung.

Eine erste **orientierende Bauwerksbesichtigung** umfasst
- die Begehung und Inaugenscheinnahme des Bauwerks,
- das Registrieren von Fehlstellen,
- das Eingrenzen von Feuchtigkeitsquellen,
- das Betrachten von Zerstörungen durch Salze,
- das Feststellen des Befalls durch Organismen,
- die Sichtung von Dokumenten (Archivmaterial, Bauunterlagen).

Untersucht und beurteilt werden muss insbesondere der Putzgrund hinsichtlich
- Fehlstellen,
- Feuchtigkeitsbelastung,
- Salzbelastung,
- Tragfähigkeit.

Putzgrund kann bestehen aus
- Beton,
- Mauerwerk,

- Fachwerk,
- Putz,
- Farbanstrichen.

Regelwerke:
- WTA-Merkblatt 4-5-99/D (WTA, 1999):
  - genaues Ablaufschema für die Bestands- und Schadensaufnahme
  - Beschreibung von Art und Umfang der Voruntersuchungen
  - Hinweise für die Beurteilung der Untersuchungsergebnisse
- weitere Angaben zur Beurteilung von Putz und Mauerwerk bzw. zur Bestandsanalyse in
  - WTA-Merkblatt 2-4-08/D (WTA, 2008)
  - WTA-Merkblatt 2-9-04/D (WTA, 2005)
  - WTA-Merkblatt 2-10-06/D (WTA, 2006)
  - WTA-Merkblatt 4-4-04/D (WTA, 2004)

Hinweis

Gemäß VOB darf derjenige, der ein Gutachten zur Bestandsanalyse durchgeführt hat, an der Ausschreibung nicht teilnehmen.

2.1.2.1 Fehlstellen des Putzgrunds

- oberflächliche Gefügezerstörungen
- Hohlstellen
- Risse

Ursachen können
- konstruktiver Art sein,
- in den Eigenschaften der verwendeten Baustoffe liegen,
- im Alterungsverhalten der Baustoffe liegen.

Abb. 2.4: Akustisches Orten von Hohlstellen durch Abfahren der Fläche mit einem Perkussionsstab

oberflächliche Gefügezerstörungen (Absanden, Abbröckeln, Abschalen):

- feststellbar durch Schaben und Klopfen
- dadurch Ablösen des geschädigten Putzgrunds in Teilen

Hohlstellen:

- feststellbar, wenn mit einem Gegenstand (Draht, Meterstab, Werkzeug, Perkussionsstab) über die Fläche gefahren wird (Abb. 2.4)
- dadurch hohler Klang hörbar

Risse:

- in alten Putzgründen fast immer vorhanden (Abb. 2.5)
- Entstehung durch Spannungen und Volumenänderungen (Schrumpfen, Schwinden, Quellen, Kriechen)
- Messung der Breite mit Maßstab oder Lupe (Abb. 2.6)
- Untersuchung der Tiefe durch Öffnung oder Kernbohrung (Abb. 2.6)
- Ermittlung der Bewegung mit Gipsmarke oder Rissmonitor (Abb. 2.7)

Abb. 2.5: Fassade eines Wohn- und Geschäftshauses mit zahlreichen starken Rissen und Putzablösungen

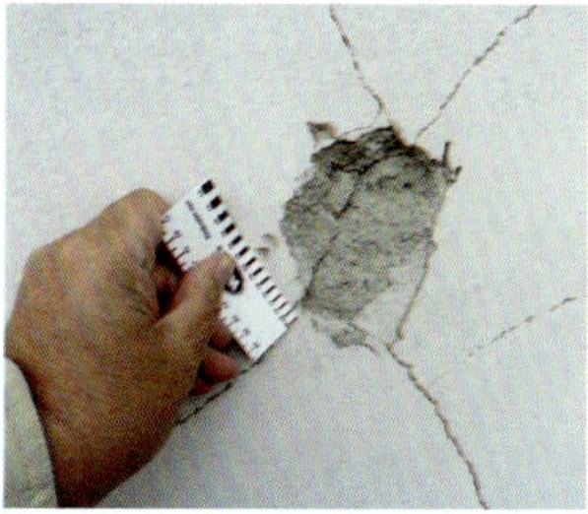

Abb. 2.6: Bestimmung der Rissbreite mithilfe eines Rissbreitenvergleichsmaßstabes; Ermittlung der Risstiefe durch Öffnen des Rissbereichs

Abb. 2.7: Ermittlung der Rissbewegung mithilfe eines Rissmonitors

- Systematik zur Beurteilung von Rissen siehe Tabelle 2.3 (ausführlichere Angaben in WTA-Merkblatt 2-4-08/D [WTA, 2008])

Tabelle 2.2: Untersuchung von Rissen

Risseigenschaft	Untersuchungsmethode
Verteilung, Verlauf	Kartierung, Fotodokumentation
Breite	Messung mit Maßstab, Lupe
Tiefe	Öffnung, Kernbohrung
Alter	Zustand der Rissflanken, Befragung
Bewegung	Gipsmarke, Rissmonitor

Tabelle 2.3: Systematik von Rissen in Anlehnung an das WTA-Merkblatt 2-4-08/D (WTA, 2008)

Ursache	Rissform	Risstiefe	Bezeichnung
konstruktions- und putzgrundbedingte Risse	• einzeln geradlinig • senkrecht oder waagerecht • im Fugenverlauf • im Eckbereich • Maueröffnungen verbindend • diagonal von Ecken in Mauerwerksöffnungen ausgehend	durchgehend bis in den Untergrund	• Kerbrisse • Setzrisse
putz- und ausführungsbedingte Risse	• netzförmig • Knotenabstand 4 bis 12 cm[1)] • Breite ca. 0,1 mm	nur in der Oberfläche	• Schwindrisse • Fettrisse
	• netzförmig • Knotenabstand bis 6 cm • Breite ca. 0,2 mm		• Fettrisse • Schrumpfrisse

Tabelle 2.3: Fortsetzung

Ursache	Rissform	Risstiefe	Bezeichnung
	• netzförmig • Knotenabstand bis 20 cm • Breite bis 0,5 mm • rasch auftretend • Hohlstellen häufig	im Oberputz, selten auch bis zum Putzgrund	Schwindrisse
	• waagerecht, meist nach unten gebogen • Länge 10 bis 20 cm • Breite bis 3 mm • Hohlstellen möglich	im Oberputz	Sackrisse
	netzförmig y-förmig	im Ober- und Unterputz	Schwindrisse Spannungsrisse
	• y-förmig • Knotenabstand über 20 cm • langsam auftretend • Hohlstellen möglich	im Putz und Untergrund	• Schwindrisse • Spannungsrisse
überlagernde Ursachen	diagonal in den Ecken von Öffnungen	bis in den Untergrund	Kerbrisse
	• regelmäßig (oft treppenförmig) den Fugenverlauf nachzeichnend • Breite ca. 0,1 mm	im Ober- und Unterputz	Fugenrisse (Stein-Putz-Risse)
Risse in Verbindung mit Putzbewehrung, Putzträgern und Putzprofilen	• an Profilstößen • an Übergängen	über Putzbewehrung, Putzträgern und Putzprofilen	Kerbrisse

1) Knoten sind Stellen, an denen 2 Risse zusammentreffen.

2.1.2.2 Feuchtigkeitsbelastung des Putzgrunds

Ursachen für feuchten Putzgrund:

- drückendes Wasser (Schichtenwasser, Grundwasser)
- Bodenfeuchtigkeit und nicht stauendes Sickerwasser
- kapillar aufsteigende Feuchtigkeit (normalerweise etwa 0,5 m hoch, nur oberhalb dieses Bereiches, wenn das Wasser eingesperrt und damit nach oben getrieben wird)
- hygroskopische Feuchtigkeit (von eingelagerten Salzen aus der Luft angezogene Feuchtigkeit, feuchter Putz an der gesamten Wandfläche möglich)
- Regen und Spritzwasser
- Havarien (Rohrbruch, Überschwemmung, Löscheinsatz)
- Kondensfeuchtigkeit an Wärmebrücken
- Einbau feuchter Baumaterialien (z. B. Holz)

Hinweis

Auch das Nutzungsverhalten kann zur Feuchtigkeitsbelastung beitragen.

Oft kommen mehrere Ursachen zusammen, sodass aus dem Erscheinungsbild nicht automatisch auf den Grund geschlossen werden kann.

Feuchtigkeitsmessungen vor Ort:

- mit speziellen Geräten, die qualitative oder quantitative Ergebnisse liefern (Tabelle 2.4, Abb. 2.8)
- Zuordnung der gemessenen Daten zu bestimmten Wassergehalten
- Fehlinterpretationen sehr leicht möglich (Messungen durch viele Faktoren, insbesondere Salze, beeinflussbar)

Abb. 2.8: Feuchtigkeitsmessung mithilfe eines Mikrowellensensors

Tabelle 2.4: Geräte zur Messung von Feuchtigkeit vor Ort

Gerät	Methode	Bewertung
Leitfähigkeitsmessgerät	Messung des elektrischen Widerstands und der Leitfähigkeit zwischen 2 Elektroden	Messwerte werden sehr stark von Salzen beeinflusst.
kapazitives Messgerät	Messung der Dielektrizitätskonstante mithilfe elektromagnetischer Hochfrequenzwellen	Messwerte werden von Salzen und der Materialdichte beeinflusst.
CM-Gerät	Druckaufbau durch die Reaktion von Wasser mit Calciumcarbid	quantitative Messung des Wassergehaltes, keine Beeinflussung durch Salze
Mikrowellensensor	Anregen des Wassers bis zur Resonanz durch Mikrowellen hoher Frequenz, Messung des Energieverlustes	qualitative Feuchtigkeitsverteilung an der Oberfläche sowie im oberflächennahen Bereich, keine Beeinflussung durch Salze

Messung mit dem **CM-Gerät:**

- relativ aufwendig
- nur Auskunft über den Wassergehalt
- keine Erfassung anderer Daten, die zur Beurteilung der Feuchtigkeitsbelastung erforderlich sind (Ausgleichsfeuchte, Durchfeuchtungsgrade)

Abb. 2.9: Bohrkernentnahme in einer senkrechten Achse für Feuchtigkeitsuntersuchungen

Feuchtigkeitsuntersuchungen im Labor:

- Untersuchung an Proben (Bohrkernen)
- bei in einer Achse senkrecht übereinander entnommenen Proben (Abb. 2.9) erschließbar, ob es sich um aufsteigende oder rückseitig einwirkende Feuchtigkeit handelt
- Aufstellung einer Feuchtebilanz mit
  - Wassergehalt
  - hygroskopischer Wasseraufnahme (entspricht der sog. Ausgleichsfeuchte) und hygroskopischem Durchfeuchtungsgrad (geben Auskunft darüber, welchen Anteil Feuchtigkeit aus der Luft aufnehmende Salze am gesamten Wassergehalt haben)
  - maximaler Wasseraufnahme
  - Gesamt-Durchfeuchtungsgrad
- Beschreibung des Untersuchungsablaufs im WTA-Merkblatt 4-11-02/D (WTA, 2003)
- Beurteilung anhand der Feuchtebilanz möglich, ob Abdichtungsmaßnahmen sinnvoll sind oder nicht (siehe Beispiel)

Beispiel

Liegt der gemessene Wassergehalt nahe der hygroskopischen Wasseraufnahme, so bedeutet dies, dass die Mauerwerksfeuchtigkeit größtenteils durch die hygroskopischen Salze verursacht wurde. Da sich Salze nicht so einfach aus dem Mauerwerk entfernen lassen, kann auch eine Abdichtungsmaßnahme keine Verbesserung bringen.

2.1.2.3 Salzbelastung des Putzgrunds

Ursachen für baustoffschädigende Salze im Putzgrund:

- Sulfate (meist Natrium- und Calciumsulfat) stammen häufig aus dem Erdreich oder den Baustoffen selbst.
- Chloride (meist Natriumchlorid) gelangen hauptsächlich durch Streusalz in die Baustoffe.
- Nitrate (meist Natrium-, Kalium- und Calciumnitrat) haben ihre Herkunft oft aus Stallungen, gedüngten Böden, Böden von Friedhöfen.

Eigenschaften baustoffschädigender Salze:

- immer weiß
- in Wasser leicht löslich
- schmecken nicht immer salzig
- oft hygroskopisch (Luftfeuchtigkeit anziehend, dadurch zusätzliche Wasseraufnahme)

Untersuchungen vor Ort:

- durch leichte Wasserlöslichkeit Unterscheidung von Organismen, Kalkausblühungen oder Farbabblätterungen möglich
- oft durchfeuchteter Putz, während das darunter liegende Mauerwerk trocken ist

- mithilfe von Teststäbchen bereits vor Ort ermittelbar, um welche Art von Salzen es sich handelt

Untersuchungen im Labor:
- an präparierten Proben
- hinreichend genaue halbquantitative Bestimmung der Belastung mit Teststäbchen möglich
- für genaue quantitative Bestimmung der Salzbelastung Messgeräte (Fotometer, Ionenchromatograf) erforderlich

Hinweis

Im WTA-Merkblatt 2-9-04/D (WTA, 2005) werden die ermittelten Konzentrationen den Stufen „gering" und „mittel bis hoch" zugeordnet. Diese Zuordnung kann zur Beurteilung beitragen, ob und wie spezielle Maßnahmen gegen die Salzdurchdringung eines Sanierputzes getroffen werden müssen.

2.1.2.4 Tragfähigkeit des Putzgrunds

vor neuem Auftrag auf den Putzgrund:
- Erkennen und Entfernen aller **haftungsstörenden Schichten** erforderlich
- Prüfung der Tragfähigkeit vor Ort

Haftungsstörende Schichten

Schmutzablagerungen:
- bevorzugt an durchfeuchteten und stark strukturierten Putzen (Abb. 2.10 und 2.11)
- an Gebäudesockeln durch Spritzwasser

Abb. 2.10: Schmutzablagerungen auf häufig befeuchtetem Bereich

Abb. 2.11: Schmutzablagerungen aufgrund von Wärmebrücken: Über dem verputzten Fachwerk bildet sich Feuchtigkeit, die den Schmutz bindet.

Graffiti:

- problemlose Überarbeitung, wenn keine wasserabweisenden, ölhaltigen Farben verwendet wurden
- temporäre oder semipermanente Anti-Graffiti-Systeme entfernen nach Herstellerangabe

haftungsstörende Schichten durch **Verwitterung:**

- ursächlich Aufnahme des Mauerwerks, Putzes oder Farbanstrichs von Wasser und Schadstoffen (gelösten Salzen oder Gasen) und/oder Beitrag von Mikroorganismen
- Ausmaß abhängig von der Zusammensetzung und dem Gefüge des Baustoffes

Arten der **Verwitterung** (Korrosion):

- mechanisch (Volumenvergrößerung durch Frost oder Salzkristallisation)
- chemisch (Bindemittelverlust durch Lösungsvorgänge oder Bindemittelumwandlung durch chemische Reaktionen)
- biologisch (Lockern durch Bewuchs mit Pflanzen und Mikroorganismen sowie Anlösen durch deren Stoffwechselprodukte)

haftungsstörende Schichten durch **Mikroorganismen** (Algen, Pilze, Flechten):

- Das Wachstum der Mikroorganismen verursacht sowohl eine mechanische als auch eine chemische Korrosion.
- Die Oberfläche wird befallen und verfärbt sich.
- Schließlich wird auch der Untergrund mürbe.

Besiedelung von Fassaden in letzter Zeit immer häufiger:

- Durch Wärmedämmungen wird die Fassadenoberfläche thermisch entkoppelt.

Abb. 2.12: Beschädigungen des Putzes und des Farbanstrichs durch Haftwurzeln

- Es entsteht Tauwasser an der Oberfläche.
- Die Dicke der Dämmschicht wurde erhöht und die Dicke der darauf aufgebrachten Putze verringert.
- Das Wachstum der Mikroorganismen auf den Putzflächen wird begünstigt durch
  - wärmeres und feuchteres Klima,
  - die Zunahme von Kunstdüngern,
  - die Abnahme von Pflanzenschutzmitteln (die auch durch die Luft getragen werden können),
  - Luftreinhaltungsmaßnahmen (Rauchgasentschwefelung).

haftungsstörende Schichten durch **Pflanzenbewuchs** und **Direktbegrünung:**

- Biologische Angriffe des Putzgrunds können von Pflanzenwurzeln oder einem Bewuchs mit Moos ausgehen.
- Haftwurzeln von Rankpflanzen (z. B. Efeu) an Fassaden, die als gestalterisches Element oder Schlagregenschutz dienen, klammern sich in den Unebenheiten des Putzes fest.
- Putz und Mauerwerk können auch Schaden nehmen, wenn die Pflanzen in Fugen und Risse einwachsen.
- Selbst nach dem Absterben oder Entfernen der Pflanzen bleiben mechanisch nur schwer entfernbare Reste übrig (Abb. 2.12).

Abb. 2.13: Mit Mauerspinnen besiedelter Putz

Abb. 2.14: Mauerspinne unterhalb des Netzes

haftungsstörende Schichten durch **Mauerspinnen** (*Dictyna civica*):

- Ansiedlung der Spinnen an Fassaden in regen-, wind- und sonnengeschützten Bereichen (bevorzugt unter Dachtraufen, Fenstersimsen, Mauerleisten; Abb. 2.13)
- Netze kreisrunde, schwarzgraue Gebilde, in denen Schmutz und Überreste von Insekten kleben
- Mauerspinnen aus dem Mittelmeerraum eingewandert, daher am häufigsten in Süddeutschland anzutreffen
- Spinnen selbst unterhalb des Netzes (Abb. 2.14)
- scheiden schwache Säure aus, wodurch die Netze einen feuchten, verfärbten Rand aufweisen können
- Putz oder Farbanstrich dadurch jedoch nicht angreifbar
- auch keine Ernährung der Mauerspinnen von Bestandteilen des Untergrunds

Vor-Ort-Prüfungen der Trägfähigkeit

- Prüfungen des Putzgrunds und deren Dokumentation in DIN V 18550 „Putz und Putzsysteme – Ausführung“ (2005) vorgeschrieben

Abb. 2.15: Haftprüfung: Auftrag eines Putzes, in den mittig ein Bewehrungsgewebe eingelegt ist

Abb. 2.16: Haftprüfung: Nach dem Erhärten wird der Putz abgerissen. (Quelle: Sylvia Stürmer, Konstanz)

Abb. 2.17: Haftprüfung: Der Putzgrund ist tragfähig, wenn der Abriss innerhalb des Putzes erfolgt.

- für den Altbaubereich weitere Prüfungen erforderlich (z. B. Abb. 2.15 bis 2.17)
- auch für Farbanstriche als Putzgrund Tragfähigkeit durch Prüfungen beurteilbar (Tabelle 2.5)
- bei Nichtbestehen der Prüfungen Herstellen eines tragfähigen Putzgrunds erforderlich (Entfernen der nicht tragfähigen Partien, Festigen mit speziellen Mitteln, siehe Kapitel 2.2.1.1)

Tabelle 2.5: Prüfungen des Putzgrunds auf Tragfähigkeit (zum Teil gemäß DIN V 18550)

Art der Prüfung	Durchführen der Prüfung	Beurteilung
Augenschein	Der Putzgrund wird aus der Nähe sorgfältig betrachtet.	Der Putzgrund darf keine Verschmutzungen, lose Bestandteile, Aufwachsungen oder Ausblühungen aufweisen, um tragfähig zu sein.
Wischprüfung	Mit der flachen Hand wird über die Putzoberfläche gefahren.	Der Putzgrund ist tragfähig, wenn die Oberfläche nicht abmehlt oder absandet, also keine Putzpartikel abgerieben werden können oder an der Handfläche haften.
Geruchsprüfung	Organische Farbanstriche und Abdichtungen werden angerieben oder erwärmt.	Teerhaltige Produkte riechen deutlich nach Naphthalin, bitumenhaltige Produkte riechen nicht. Zur Beurteilung der Tragfähigkeit sind weitere Prüfungen erforderlich.
Flammprüfung	Organische Farbanstriche, Abdichtungen oder Putze werden mit einer Lötlampe erhitzt.	Organische Farbanstriche erweichen oder reißen und riechen nach Kunststoff. Organische Putze reagieren genauso, jedoch erst nach längerer Einwirkzeit. Teer brennt, Bitumen schmilzt. Der Putzgrund ist in diesen Fällen nicht tragfähig.
Lösemittelprüfung	Organische Farbanstriche, Abdichtungen und Putze werden mit einem Lösemittel behandelt (das Mittel wird aufgestrichen oder der Putzgrund mit einem benetzten weißen Tuch abgerieben).	Dispersionsanstriche quellen mit Ethylacetat gallertartig auf und werden mit Butanol oder Aceton angelöst. Organische Putze werden durch diese Lösemittel teilweise angelöst. Teer färbt sich durch Aceton braun, Bitumen nicht. Bitumen färbt sich mit Benzin braun, Teer nicht. Zur Beurteilung der Tragfähigkeit sind weitere Prüfungen erforderlich.
Kratzprüfung	Organische Farbanstriche werden entfernt. Die Oberfläche wird mit einem scharfen Gegenstand (Messer oder Schraubenzieher) eingeritzt.	Der Putzgrund ist fest und ausreichend tragfähig, wenn das Werkzeug nicht oder nur gering eindringt.

Tabelle 2.5: Fortsetzung

Art der Prüfung	Durchführen der Prüfung	Beurteilung
Gitterschnittprüfung	Ein Farbanstrich wird auf einer Fläche von etwa 10 cm × 10 cm mit einem scharfen Messer in Quadrate von 2 cm × 2 cm eingeschnitten. Ein Klebeband wird aufgelegt, festgedrückt und abgerissen.	Bleiben weniger als 20 % der Quadrate am Klebeband hängen, so ist der Farbanstrich fest und tragfähig.
Haftprüfung	Eine Fläche von etwa 50 cm × 50 cm wird etwa 6 mm dick mit Renoviermörtel überzogen und dabei Bewehrungsgewebe mittig eingearbeitet. Das Gewebe muss unten etwa 50 cm weit aus dieser Fläche herausragen. Nach etwa einer Woche wird das herausragende Bewehrungsgewebe um einen Stock gewickelt und senkrecht zur Wandoberfläche abgezogen (Abb. 2.15 bis 2.17).	Der Putzgrund ist tragfähig, wenn der Abriss innerhalb des Renoviermörtels erfolgt.
Haftzugprüfung	Der Putzgrund wird mit einem Kernbohrgerät kreisförmig angebohrt (Durchmesser: 5 cm), ein Prüfstempel aufgeklebt und mithilfe eines Haftzugprüfgeräts abgerissen.	Der Putzgrund ist tragfähig, wenn der Abriss innerhalb des vorhandenen Putzes oder im Untergrund erfolgt.
Stabilitätsprüfung	Putzstücke werden für ca. 5 Minuten in Wasser gelegt und anschließend in der Hand zerbröselt.	Der Putz ist formstabil und tragfähig, wenn er nicht zerfällt.
Benetzungsprüfung	Wasser wird auf den Putzgrund aufgesprüht oder aufgebürstet.	Der Putzgrund ist ausreichend saugfähig und damit tragfähig, wenn das Wasser innerhalb von etwa einer Minute weggesaugt wird.

2.1.3 Ausschreibung, Leistungsbeschreibung und Leistungsverzeichnis

- Begriffe im allgemeinen Sprachgebrauch oft verwechselt
- Definition in VOB/A enthalten
- Hinweise für das Aufstellen von Leistungsverzeichnissen in VOB/C ATV DIN 18299 „Allgemeine Regelungen für Bauarbeiten jeder Art“ (2012)

Ausschreibung:

- Eröffnung des Wettbewerbs um die Vergabe von Bauaufträgen
- Grundlage für die Angebote der teilnehmenden Fachunternehmen
- Leistungsbeschreibung kann Leistungsverzeichnis beinhalten

Leistungsbeschreibung:

- Festlegung, welche Leistungen der Auftragnehmer zu erbringen hat
- Festlegung, welche Eigenschaften, Funktionen und Qualitätsmerkmale diese Leistungen aufweisen müssen
- dient u. a. zur sicheren Preisberechnung

Leistungsverzeichnis:

- Teil der Leistungsbeschreibung
- Gliederung der Gesamtleistung in Teilleistungen (Positionen)
- Beinhalten von Alternativ- und Bedarfsleistungen möglich
- zweckmäßigerweise in Tabellenform
- enthält Mengenangaben (z. B. in Stück, m^2 oder lfm), den Einheits- und den Gesamtpreis

Produktfestlegung:

- Die VOB bezieht sich oft auf bestimmte Stoff- und Ausführungsnormen.
- Sollen andere als die in diesen Normen aufgeführten Produkte eingesetzt werden, so ist dies bereits in der Ausschreibung festzulegen.

Beispiel

Mineralische Dichtungsschlämmen sind in der Normenreihe DIN 18195 „Bauwerksabdichtungen" (2009 bis 2011) als Abdichtungsstoffe aufgeführt. Die Anwendung ist jedoch nur für Abdichtungen gegen von innen drückendes Wasser geregelt. Für alle anderen Anwendungsbereiche muss ihr Einsatz ausdrücklich vorgeschrieben werden.

Preisermittlung:

- In den Gesamtpreis der Hauptleistungen gehen auch die Nebenleistungen mit ein.
- Besondere Leistungen gehören nur dann zur vertraglichen Leistung, wenn sie in der Leistungsbeschreibung besonders erwähnt sind (sonst gesondert zu vergüten).
- Einzelheiten regelt VOB/C ATV DIN 18299.

Hilfen zur Preisermittlung:

- Plümecke – Preisermittlung für Bauarbeiten (Kattenbusch u. a., 2012)
- vom Fachverband der Stuckateure z. B.
  - Zeitaufwand-Tabelle (SAF, 2002)
  - Kalkulations-Hilfe (SAF, 2011)
  - Richt(ig)-Preisliste (SAF, 2002)
- von Putzherstellern z. B. Richtzeitwerte für die Verarbeitung

2.1.4 Gewerke und Sonderfachleute

Gewerke:

- Koordination der Arbeiten verschiedener Gewerke erforderlich
- Folge falscher oder unzureichender Koordination der Schnittstellen sind meist Schäden
- heute zum Teil sich überschneidende Tätigkeitsbereiche (früher Verputzarbeiten nur von Stuckateuren, inzwischen auch von anderen Handwerkern)
- manche Arbeiten jedoch laut Gesetz nur von bestimmten Handwerkern durchzuführen

Beispiel

Gesetzlich ist es nur **Elektrikern erlaubt**, Ableitbleche eines Ableitputzes zu montieren, sie untereinander zu verbinden und an den Potenzialausgleich anzuschließen.

Handwerker, die Putze verarbeiten, sind hauptsächlich

- Stuckateure,
- Holz- und Bautenschützer,
- Maler.

Hinweis

Insbesondere beim Bauen im Bestand und in der Denkmalpflege sind bauphysikalische Kenntnisse und künstlerisches Geschick der Handwerker erforderlich.

Stuckateure

Berufsbezeichnung:

- früher nur für Handwerker, die mit Stuck arbeiteten (Ausformen von Gips- und anderen Putzmörteln auf verputzten Flächen)
- heute für Bauhandwerker, die für Arbeiten im Innenausbau und an Fassaden ausgebildet sind
- frühere Schreibweise „Stukkateur“ heute noch in der Schweiz verwendet
- regional gebräuchlich auch
  - Gipser
  - Putzer
  - Verputzer
  - Rabitzer
  - Tüncher
  - Kalker

Hinweis

Auch Maler werden oft als Tüncher bezeichnet. „Tünch“ ist die frühere Bezeichnung für eine Feinputzschicht aus Gipsputz oder Kalkputz, die auf Decken- oder Wandflächen aufgestrichen wurde. Dabei überschneiden sich die Tätigkeiten.

Als „Rabitz“ wird eine Konstruktion aus einer metallischen tragenden Unterkonstruktion, einem Putzträger und Putzmörtel bezeichnet (nach dem Berliner Maurermeister Carl Rabitz, der die Konstruktion entwickelte).

Tätigkeiten:

- Verputzen von Wänden und Decken im Innen- und Außenbereich

- Herstellen und Verputzen von Rabitzkonstruktionen
- Errichten von Leichtbauwänden (Trockenbau)
- Installieren abgehängter Decken
- Aufbringen von Wärmedämm-Verbundsystemen

Arbeitsstoffe sind u. a.:
- Zement-, Kalk-, Gips- und Lehmputze,
- Gips- und Gipsfaserplatten,
- Leichtbauplatten,
- Wärmedämmplatten.

Holz- und Bautenschützer

- seit 2007 in Deutschland staatlich anerkannter Ausbildungsberuf
- Tätigkeiten zuvor durch andere Bauberufe ausgeübt

Tätigkeiten:
- Erkennen und Beseitigen von Schäden
- Durchführen von Außen- und Innenabdichtungen am Bauwerk
- Instandsetzen feuchtigkeits- und salzgeschädigter Mauerwerke

Maler

Berufsbezeichnung:
- offiziell in Deutschland „Maler und Lackierer"
- regional gebräuchlich auch
  - Anstreicher
  - Weißbinder
  - Tüncher

Hinweis

Weißbinder waren ursprünglich Handwerker, die helles Holz (Fichte, Tanne, Lärche) zu Gebinden (Fässern, Kübeln) verarbeiteten, im Gegensatz zu Schwarzbindern, die mit Eichenholz, und Rotbindern, die mit Buchenholz arbeiteten.

Die Bezeichnung „Weißbinder" wurde später auf Maler übertragen, die weißen Kalk mit anderen Stoffen zu Farbanstrichen banden.

Tätigkeiten:

- Herstellen von Farbanstrichen aller Art an Wänden und Decken im Innen- und Außenbereich
- Herstellen von sämtlichen sichtbaren und unsichtbaren Vor- und Endbeschichtungen an Wänden und Decken im Innen- und Außenbereich
- Anbringen von Schutzbeschichtungen
- mitunter Zusammenarbeit mit Bauten- und Objektbeschichtern, die Oberflächen schützen und Untergründe zum Beschichten und Belegen vorbereiten

Sonderfachleute

Beurteilung der Bauwerksgegebenheiten:

- nicht immer Sonderfachleute erforderlich
- aussagekräftige Ergebnisse oft durch Untersuchungen mit einfachen Mitteln (Geräte und Hilfsmittel im Handel für Laborausrüstung und Chemikalien oder für elektronische Geräte, z. B. Messgeräte für Luft- und Materialfeuchtigkeit, Teststäbchen für Salzbestimmungen) zu erhalten
- Beherrschen des Umgangs mit den Geräten und Hilfsmitteln jedoch erforderlich, um Fehlinterpretationen zu vermeiden

- manche Gegebenheiten am Bauwerk nur von Sonderfachleuten beurteilbar, die z. B. in Architektur-, Ingenieur- und Sachverständigenbüros zu finden sind

Fachgebiete und Kontaktdaten von **Sachverständigen:**
- Sachverständigenverzeichnis der Industrie- und Handelskammer (www.svv.ihk.de)
- Sachverständigen-Datenbank des Handwerks (www.svd-handwerk.de, www.gfwh.de)
- Internetseiten des Deutschen Holz- und Bautenschutz-Verbandes (www.dhbv.de)
- Internetseiten der einzelnen Handwerkskammern

Prüfungen im **Labor** z. B. durch:
- Baustoffprüfgesellschaften
- Materialprüfungs- und Forschungsanstalten (MPA)
- Fraunhofer Institute für Bauphysik

2.1.5 Voraussetzungen für Putzarbeiten

Baustellenplanung

- Aufführung in den Vorbemerkungen der Leistungsbeschreibung, was bei der Einrichtung einer Baustelle zu beachten ist
- Unterscheidung erforderlich, ob es sich um einen Neubau oder um Baumaßnahmen im Bestand handelt

Die Baustellenplanung umfasst:
- Unterlagen, wie
  - Sanierungsvorschlag,
  - Ausschreibung,
  - Unfallverhütungsvorschriften,
  - Sicherheitsdatenblätter,

- Material-/Farbmuster,
- Verarbeitungsrichtlinien,
- Entsorgungsauflagen,

- Ortskenntnis (Wegbeschreibung, Zufahrtsmöglichkeit),
- (Stell-)Plätze für
  - Silo,
  - Maschinen/Werkzeuge,
  - Bauwagen/Container/Toiletten,
  - Schuttmulden,
  - Gerüst,
- Lagermöglichkeiten für
  - Material,
  - Maschinen/Werkzeug,
- Absprachen mit
  - Planer,
  - Behörden (z. B. für Denkmalschutz),
  - Anliegern,
  - Materiallieferanten,
  - Überwacher,
  - Entsorger,
- Koordination in Form von
  - Einweisung (Materialien, Verarbeitungsweise, Maschinentechnik),
  - Koordination verschiedener Gewerke,
- Baustelleneinrichtung, z. B.
  - Strom/Starkstrom,
  - Wasser/Wasserdruck,
  - Beleuchtung,
  - Absperrungen,
  - Gerüst,

- Schutzmaßnahmen, z. B. für
  - fertige Gewerke,
  - nachfolgende Gewerke,
  - (Fuß-)Böden,
  - Außenanlagen,
  - empfindliche Flächen,
- Putzgrundbeurteilung (siehe Kapitel 2.1.2),
- Musterflächen (Anlegen, Beurteilen),
- Putzgrundvorbereitung (siehe Kapitel 2.2.1.1),
- Putzgrundvorbehandlung (siehe Kapitel 2.2.1.2),
- Geräte/Hilfsmittel und Material zur
  - Putzgrundvorbereitung,
  - Putzgrundvorbehandlung,
  - Putzausführung,
  - Nachbehandlung,
- Qualitätssicherung durch
  - Objektüberwachung,
  - Bautagebuch,
  - Dokumentation.

Musterflächen:

- Die Produkte auf dem Markt haben ihre Eignung in der Praxis bewiesen.
- Auf jeder Baustelle sind jedoch unterschiedliche Bedingungen anzutreffen.
- Daher ist es ratsam, mit den vorgesehenen Materialien einen Versuch zu unternehmen, mit dem sich Material und Verarbeitungstechnik kennenlernen und Verbrauchsmengen abschätzen lassen.
- Darüber hinaus kann beurteilt werden, ob das vorgesehene Material in Struktur und Farbton den Vorstellungen entspricht.

Abb. 2.18: Musterfläche zur Beurteilung von Grundier- und Anstrichmitteln

Abb. 2.19: Musterflächen von Kalkputzen an der Klosterkirche Spieskappel, Nordhessen (Quelle: Tanja Dettmering, Frankfurt)

- Abb. 2.18 zeigt eine Musterfläche zur Beurteilung verschiedener Grundier- und Anstrichmittel.
- Abb. 2.19 zeigt Musterflächen aus nachgestellten historischen Kalkputzen am Mauerwerk eines Klosters.

Schutz von Bauteilen

zu schützende **empfindliche Bauteile** und **Oberflächen:**

- an Zement-, Kalk- und Silikatputze angrenzende Bauteile (Putze stark alkalisch, führen zu Verätzungen)

- Glasflächen (z. B. Fenster)
- glasierte Flächen (z. B. Fliesen, Klinker)
- Steinflächen (z. B. Fensterbänke)
- Metallflächen (z. B. Geländer)

einzuputzende Bauteile (Fenster/Fensterbänke, Türen/Türrahmen):

- umlaufende Einfassung erforderlich, damit die einzuputzenden Bauteile keinen Kontakt zum Putz haben
- Einfassung gleichzeitig Rissvorbeugung
- Ausführung der Einfassung mit Schaumstoffstreifen oder Schaumstoffbändern (eventuell selbstklebend, müssen flexibel und verrottungsfest sein, dürfen Wasser nicht aufsaugen)
- Verwendung sog. „Kompribänder" (vorkomprimierter Dichtungsbänder, die nach dem Aufkleben langsam expandieren und abdichten) aus wasserabweisendem Polyurethan-Schaumstoff eher für bestehende Fugen und Anschlüsse

Witterungsverhältnisse

Klimabedingungen:

- Die Verarbeitungsrichtlinien der Hersteller beziehen sich auf „Normalklima", d. h. eine Temperatur um 20 °C, eine relative Luftfeuchtigkeit um 65 %.
- Die Verarbeitbarkeitszeiten und die Wartezeiten zwischen den einzelnen Arbeitsgängen sind bei anderen Klimabedingungen nur bedingt gültig (insbesondere im Winter).
- Bei einer Temperatur unter +5 °C, auf gefrorenem Putzgrund oder bei zu erwartendem Frost darf nicht verputzt werden.

- Nur ausgetrockneter Putz darf Frost ausgesetzt werden.
- DIN V 18550 sagt hierzu in Abschnitt 9.2.1: *„Der Putzgrund muss frostfrei sein, und die Bauteiltemperatur muss ≥ 5 °C betragen."*

Hinweis

Die in DIN V 18550 vorgeschlagene Temperaturmessung des Putzgrunds macht nur Sinn unmittelbar vor dem Putzauftrag. Der Putzgrund darf nicht aufgeheizt sein, damit der Putz nicht „aufbrennt" oder zu schnell abbindet. Bei aufgeheiztem Putzgrund können die Bindemittel nicht vollständig reagieren; der Putz kann nicht die erforderliche Festigkeit erreichen, sodass er reißt oder sandet.

Folgen von Witterungseinflüssen:

- Bei erhöhter Temperatur und direkter Sonneneinstrahlung wird dem Putz das Anmachwasser zu schnell entzogen; der Putz „verbrennt".
- Auch Wind kann dem Putz Wasser entziehen, sogar im Winter, wenn Föhn herrscht.
- Bei Frost gefriert das Wasser und der Putz wird durch die entstehenden Eiskristalle mürbe.

Gegenmaßnahmen:

- ausreichendes Vornässen
- Feuchthalten des Putzes
- Abdecken
- Einhausen
- Anbringen von Gerüstschutznetzen

2.2 Ausführung

2.2.1 Putzgrundvorbereitung und -vorbehandlung

Definition

Der Putzgrund ist gemäß DIN V 18550 das Bauteil, das verputzt wird.

Die **Putzgrundvorbereitung**

- stellt die erforderliche Putzgrundbeschaffenheit für die weiteren Putzarbeiten her (siehe Tabelle 2.6) und
- hängt ab von dem Ergebnis der Untersuchungen (siehe Kapitel 2.1.2) und den vorgesehenen Putzen bzw. Putzsystemen.

Die **Putzgrundvorbehandlung**

- stellt die erforderliche Rauigkeit und Saugfähigkeit des Putzgrunds her (siehe Tabelle 2.6), da
  - mineralische Putze am Putzgrund haften, indem sie sich in den Unebenheiten mechanisch verkrallen,
  - mineralische Putze sich zusätzlich verankern, wenn das Anmachwasser mit den gelösten Bindemittelteilen in den Putzgrund gesaugt wird, wo sie in den Poren und Kapillaren kristallisieren,
- dient dazu, die Haftung des Putzes auf dem Putzgrund zu verbessern oder gar erst zu ermöglichen,
- hängt ab von der Beschaffenheit und der Saugfähigkeit des Putzgrunds (sowohl ein sehr stark als auch ein sehr schwach saugender Putzgrund muss vorbehandelt werden).

Tabelle 2.6: Maßnahmen zur Herstellung der erforderlichen Putzgrundbeschaffenheit und Haftungsmöglichkeit des Putzes

Anforderung an den Putzgrund	Maßnahme
Putzgrundvorbereitung	
frei von haftungsstörenden Schichten und Teilen:	
• frei von filmbildenden Trennmitteln (Schalwachs, Schalöl)	entfernen (abwaschen, strahlen)
• frei von oberflächlichen Gefügezerstörungen (Hohlstellen, Verwitterung)	entfernen (ggf. befestigen/festigen)
• frei von Staub und sonstigen Verunreinigungen (z. B. durch Mikro- und Makroorganismen)	entfernen, reinigen
eben	entgraten, Ecken und Kanten runden, egalisieren (Unebenheiten und Vertiefungen ausmauern oder mit geeignetem Putz ausgleichen, ausgeglichene Stellen austrocknen lassen)
maßgerecht (lot- und fluchtrecht)	mit geeignetem Putz ausgleichen (Ausgleichsputz)
fest	festigen
geeignete Befestigungen, Schlitze und Durchbrüche	überprüfen, ggf. Bedenken anmelden
tragfähig	ggf. Putzträger anbringen
ausreichend formstabil	ggf. Putzträger anbringen
frei von schädlichen Rissen	Risse instandsetzen
trocken	warten, im Innenbereich ggf. heizen oder Kondenstrockner aufstellen
frostfrei	warten
Putzgrundvorbehandlung	
gleichmäßig saugfähig	stark saugende Putzgründe vornässen, unterschiedlich saugende Putzgründe vorbehandeln (Aufbrennsperre)
ausreichend rau	aufrauen oder Haftbrücke oder Spritzbewurf auftragen

2.2.1.1 Putzgrundvorbereitung

Entfernen haftungsstörender Schichten und Teile

Zu entfernen sind

- alte Abdichtungen, Putze und Farbanstriche (sofern sie nicht noch funktionsfähig, erhaltenswert oder denkmalgeschützt sind),
- Putzträgerreste,
- schadhafte Partien,
- lockere Bereiche (lockere Mauersteine entfernen oder vermörteln),
- korrodierende Metallteile (Nägel, Befestigungsdrähte),
- Trennmittel,
- temporäre und semipermanente Anti-Graffiti-Systeme,
- Verschmutzungen (Staub, Bewuchs).

Beispiel

Die Abb. 2.20 zeigt ein Mauerwerk, auf dem aufgenagelte Teerpappe zur Abdichtung und Schilfrohrmatten als Putzträger zu erkennen sind. Diese sind nicht mehr funktionsfähig und müssen zur Putzgrundvorbereitung entfernt werden.

Praxistipp

Besondere Vorsichtsmaßnahmen müssen getroffen werden, wenn gesundheitsgefährdende Substanzen (z. B. Asbest, Schimmel oder andere Wohngifte, siehe Kapitel 3.2.5) freigesetzt werden können. Die Handlungsanleitungen der Berufsgenossenschaften sind zu beachten, damit eine Ge-

Abb. 2.20: Altes Mauerwerk mit Teerpappe und Schilfrohrmatten

sundheitsgefährdung der Bewohner und der Verarbeiter ausgeschlossen wird. Nur speziell ausgebildete Fachkräfte dürfen asbesthaltige Bauteile entfernen und entsorgen. Gleiches gilt für das Beseitigen von Schimmelpilz und Hausschwamm.

bei vorgesehenem **Sanierputzsystem:**

- Der alte Putz wird bis ca. 1 m über den erkennbaren Salz- und/oder Feuchtigkeitsschaden entfernt bzw. bis zu der Linie, die durch Salzanalysen ermittelt wurde.
- Der Bauschutt wird sofort trocken beseitigt (bei Verwendung von Wasser besteht die Gefahr, dass sich Salze lösen und zurück ins Mauerwerk wandern).

Entfernen von Farbanstrichen auf Putzen:

Tabelle 2.7: Maßnahmen zum Entfernen von Farbanstrichen auf Putzen gemäß WTA-Merkblatt 8-6-09/D (WTA, 2009)

Anstrichmittel	Verfahren der Entfernung
lose Kalkfarben	• mechanisches Abstoßen mit Spachtel • ggf. vollflächiges Abschlagen und Erneuern des Putzes
Dispersionsfarben	Abbeizen und vorsichtiger, wohldosierter Wassereinsatz
Silikatfarbe	• nicht ohne weiteres entfernbar • vollflächiges Abschlagen und Erneuern des Putzes
Silikonharzfarben	Abbeizen und vorsichtiger, wohldosierter Wassereinsatz
Leinöl-Standölfarben	• Abbeizen (bei verseifendem Abbeizer größerer Wassereinsatz für das Nachwaschen erforderlich) • ggf. Abschlagen und Erneuern des Putzes

Darüber hinaus können Farbanstriche auch abgeschliffen oder abgefräst werden.

Hohlstellen:

- Beseitigung erforderlich, indem der hohlliegende Putz abgeschlagen wird
- bei erhaltenswerten Putzen stattdessen Befestigung am Untergrund möglich (Hinterfüllung mit speziellen Suspensionen)

durch **Verwitterung geschädigte Partien:**

- Entfernung erforderlich
- bei erhaltenswerter Bausubstanz stattdessen z. B. Festigen möglich

Hinweis

Haften nicht als Putzgrund geeignete Altputze und Beschichtungen so fest, dass sie nicht entfernt werden können, ohne den Untergrund zu schädigen, ist im Einzelfall zu entscheiden,

- ob die Schichten dennoch entfernt werden sollen,
- ob Instandsetzungsmaßnahmen möglich sind,
- welches Putzsystem eingesetzt wird.

Reinigen

Die Reinigung erfolgt meist rein mechanisch:

- nass (z. B. Nebelstrahlverfahren),
- trocken (z. B. mit Druckluft, Drucksandstrahlen, JOS-Verfahren: Abspritzen der Fläche mit einem rotierenden Luft-, Wasser- und Strahlgutgemisch; zu den einzelnen Strahlverfahren siehe Kapitel 3.2.5).
- ausnahmsweise chemische und thermische Verfahren

Praxistipp

An Musterflächen kann zunächst erprobt werden, welches Verfahren und welche Geräte am besten geeignet sind.

bei vorgesehenem **Sanierputzsystem:**

- Die vom Altputz befreiten Flächen werden mit einem Stahlbesen oder mit Druckluft sorgfältig trocken gereinigt oder ggf. sandgestrahlt.
- Mit Wasser oder Dampfstrahl darf nicht gearbeitet werden, weil sich sonst die Salze lösen und zurück ins Mauerwerk wandern.

Praxistipp

Eine mögliche Freisetzung gesundheitsgefährdender Substanzen (z. B. Asbest oder Schimmel) macht besondere Vorsichtsmaßnahmen erforderlich (siehe oben Praxistipp unter „Entfernen haftungsstörender Schichten und Teile").

Herstellen der Ebenheit

gleichmäßige Schichtdicke:

- beim Auftragen dünnschichtiger Materialien erforderlich, z. B. bei
  - Materialien zur Bauwerksabdichtung (Dichtungsschlämmen)
  - Putzen, die dünnschichtig aufgetragen werden (Kalk-, Gips-, Lehmputze)
- bei unebenem Untergrund in Ecken und an Kanten zu viel bzw. zu wenig Mörtelauftrag möglich
- daher Kanten fasen, Ecken hohlkehlenartig runden
- Putzgrund von Graten oder scharfkantigen Unebenheiten (Mörtelüberständen, Steinversätzen) befreien
- Vertiefungen oder Fugen von mehr als 5 mm Breite ausfüllen oder
- besser Putzgrund mit einem Ausgleichsputz vollflächig egalisieren

Ein **Ausgleichsputz**

- wird aufgetragen, um Unebenheiten im Putzgrund auszugleichen,
- muss sowohl auf das Mauerwerk als auch auf den nachfolgenden Putz abgestimmt sein (sonst sind Hohlstellen und Risse die Folge), insbesondere hinsichtlich

  - Zusammensetzung und
  - Festigkeit (Festigkeitsgefälle, Putzregel „weich auf hart“),
- ist im Sanierputzsystem genau definiert (Anforderungen sind durch technische Daten festgelegt, siehe Kapitel 1.4.8),
- kann volldeckend aufgetragen werden oder auch nur die Unebenheiten und Fugen ausfüllen.

bei vorgesehenem **Sanierputzsystem:**
- Mindestschichtdicke von 2 cm der Sanierputze
- ggf. Abschlagen hervortretender Mauersteine erforderlich, um die Mindestputzdicke einhalten zu können

Festigen

bei **sandendem** oder **mehlendem Putzgrund:**
- Festigung durch Zuführung eines neuen Bindemittels, das die losen Teilchen „verklebt“
- zu diesem Zweck Verwendung von wässrigen Silikaten (Wasserglas) oder von in Alkohol gelösten Kieselsäureestern (zu diesen Mitteln siehe Kapitel 1.5.5)
- Festigung der Oberfläche des Putzgrunds mit Tiefgrund (siehe Kapitel 1.5.5)
- tiefes Eindringen in den Putzgrund und hohe Wirksamkeit lösemittelhaltiger Grundierungen (heute jedoch kaum noch verwendet, da sie Gefahrstoffe sind)
- keine Tiefenwirkung von wässrigen Kunststoffdispersionen als Grundierung (Gefahr einer sperrenden und haftungsstörenden Filmbildung, daher vom Hersteller erlaubte Verdünnung einhalten oder weiterarbeiten, so lange die wässrigen Kunststoffdispersionen noch feucht und klebrig sind)

Hinweis

> Es ist oft einfacher und wirtschaftlicher, die geschädigten Bereiche vollständig zu entfernen und zu ersetzen statt zu festigen.

Überprüfen von Befestigungen, Schlitzen, Durchbrüchen und Vorbereitungen für Spezialputze

Die Herstellung

- von Befestigungen von Installationen und Leitungen sowie
- von Schlitzen und Durchbrüchen

wird in der Regel vorgenommen vom

- Maurer,
- Installateur oder
- Elektriker.

bei **Befestigungen, Schlitzen** und **Durchbrüchen** zu beachten:

- Die Arbeiten dürfen nicht mit Gips ausgeführt werden, wenn
  - anschließend mit einem Kalkzement- oder Zementputz verputzt wird (Abb. 2.21) oder
  - der Untergrund feucht ist.
- In diesen Fällen muss ein Schnellzement oder ein zementhaltiger Ansetzmörtel verwendet werden.
- Die Arbeiten dürfen nicht mit zementhaltigen Produkten ausgeführt werden, wenn anschließend mit Gips verputzt wird; der Putz kann sonst abplatzen.
- Der Mörtel für solche Arbeiten muss ausgetrocknet sein, bevor darüber verputzt wird, da es sonst zu Rissen kommen kann.

Abb. 2.21: Befestigung von Leitungen mit Gipsbatzen – da hier anschließend ein Sanierputz aufgetragen werden soll, ist dies nicht zulässig.

bei **Spezialputzen** zu beachten:
- Spezialputze erfordern manchmal besondere Vorbereitungen.
- Elektrodosen müssen z. B. vor dem Auftragen von Strahlenschutzputzen mit Blei hinterlegt werden.

Bedenkenanmeldung:
- nach § 4 Nr. 3 VOB/B vom Verarbeiter/Unternehmer gegenüber dem Auftraggeber, wenn
  - die vorgesehene Art der Ausführung nicht den Regeln der Technik entspricht
  - die Güte der gelieferten Stoffe unzureichend ist
  - die Vorleistungen anderer Unternehmen mangelhaft sind
- Schriftform und Begründung erforderlich (ggf. mit Belegen und Beweisen)
- Hinweis auf Fristen bis zum Beginn bzw. zur Fortsetzung der Arbeiten notwendig
- Vorschlag zum Beheben der Bedenken möglichst mit Angabe der zusätzlichen Kosten
- für nachfolgende Gewerke Bedenkenanmeldung nicht möglich, da nicht voraussagbar, was vielleicht eintritt (lediglich Hinweise möglich)

Putzträger

Die DIN V 18550 legt in Abschnitt 9.2.1 fest:
„Als Putzgrund nicht geeignete Flächen (z. B. Holz- oder Stahlbauteile) sind mit Putzträgern zu überspannen."

weitere **Einsatzbereiche:**
- nicht tragfähiger Putzgrund
- aus konstruktiven Gründen Trennung des Putzes vom Putzgrund erforderlich

bei vom Putzgrund **getrenntem Putz:**
- Der Putz bildet eine eigenständige Schale, die dennoch
  - die notwendige Festigkeit besitzt und
  - am Untergrund verankert ist.
- Der Putz bleibt formstabil und rissfrei.

Putzträger
- dürfen nicht frei liegen,
- müssen fest mit dem Untergrund verbunden sein,
- dürfen sich nicht an der Putzoberfläche abzeichnen,
- dürfen nur an Bauteilen befestigt werden, die sich nicht bewegen, also beispielsweise nicht an Fachwerk,
- werden für ebene und gewölbte Konstruktionen angeboten als
  - Matten,
  - Tafeln,
  - Bahnen.

In **Altbauten** sind als Putzträger zu finden:
- Staken,
- Spalierlatten (Pliesterlatten, Gipserlättchen),
- Holzstabgewebe,
- Schilfrohrmatten,
- Ziegeldrahtgewebe (Ziegel- oder Sternrabitz).

Staken
- bestehen aus gespaltenem Eichenholz und
- sind meist bei Fachwerkkonstruktionen in Verbindung mit Lehmputz anzutreffen.

Spalierlatten
- sind dünne, schmale Holzlatten,
- sind meist trapezförmig mit schwalbenschwanzähnlichen Zwischenräumen,
- werden mit der schmalen Seite am Putzgrund befestigt, um eine bessere mechanische Verankerung des Putzes zu erreichen.

Holzstabgewebe
- besteht aus Fichtenholzstäbchen, die mit verzinktem Draht gebunden sind, und
- wird ähnlich wie Spalierlatten eingesetzt.

Schilfrohrmatten
- sind ebenfalls mit verzinktem Draht zusammengebunden und
- können auch zusammengerollt und somit für Hohlkehlen oder Wülste verwendet werden.

Ziegeldrahtgewebe
- besteht meist aus verzinktem Draht, seltener aus Edelstahl,
- hat quadratische Maschen,
- hat an den Kreuzungen der Maschen aufgepresste Lehm- bzw. Tonkreuzchen, die
  - durch Brennen ziegelähnliche Eigenschaften erhalten,
  - somit Feuchtigkeit aufnehmen und wieder abgeben können,
- kann zur Überbrückung von Flächen aus unterschiedlichen Baustoffen verwendet werden.

funktionsfähige Putzträger im **Altbaubereich:**

- Schilfrohrmatten, wenn die Schilfrohrhalme noch ausreichend miteinander mit Draht verbunden sind
- Putzträger aus Ziegeldrahtgewebe, Streckmetall und Metallgitter, wenn sie nicht verrostet sind
- Putzträger aus Holz, wenn sie nicht gequollen oder angefault sind
- können erhalten und neu überputzt werden

Moderne Putzträger

- bestehen aus rostfreiem, häufig verzinktem oder lackiertem Metall,
- sind meist punktverschweißte Drahtnetze oder sog. Rippenstreckmetalle (Flach- und Lochrippenstreckmetall),
- können durchbrochen oder flächig ausgebildet sein,
- besitzen oft Falze, mit denen sie am Untergrund anliegen, oder werden mit Abstandhaltern montiert,
- müssen aus Edelstahl sein, wenn sie auf salzbelastetem Mauerwerk eingesetzt werden, um nicht von den Salzen angegriffen zu werden.

Einsatz zum **Überputzen von Fachwerk:**

- Die Holzbalken müssen zuvor durch einen Schutzstreifen aus wasserbeständiger, aber diffusionsoffener Pappe (Trennvlies) geschützt werden.
- Die Pappe muss das Holz seitlich mindestens 3 cm weit überlappen.
- Solche Trennvliese zählen nicht zu den Putzträgern, sondern werden in Kombination mit ihnen eingesetzt.
- Als Putzträger auf Fachwerk eignet sich beispielsweise
  - Streckmetall mit flachen, 4 mm hohen Rippen,
  - Ziegeldrahtgewebe mit nicht rostendem Stahldraht.

Abb. 2.22: Mit Rippenstreckmetall senkrecht überspannter waagerechter Schlitz

- Damit das Holz ungehindert arbeiten kann, ohne dass die Spannungen auf den Putz übertragen werden, dürfen die Putzträger nicht am Holz befestigt werden.

Einsatz zum **Überspannen von Schlitzen:**
- Das Rippenstreckmetall wird nicht in Längsrichtung, sondern quer zum Schlitz eingebaut (Abb. 2.22).
- Damit kann eine höhere Zugfestigkeit erreicht werden.

Für **Wärmedämmputze** haben sich
- wellenförmige oder
- ebene Drahtgitter

als Putzträger bewährt.

Auftrag des Putzes:
- Der Putz wird auf Putzträger vorzugsweise maschinell aufgetragen.

- Durch den Druck beim Anspritzen kann sich der Mörtel auch hinter den Rippen bzw. Maschen ausreichend verkrallen.
- Der Putzträger befindet sich dann innerhalb des Putzquerschnittes und dient damit gleichzeitig als Bewehrung.

Putzträgerplatten

- werden für ebene Konstruktionen angeboten und
- können aus
  - mineralisch gebundener Holzwolle,
  - Mineralfasern,
  - Calciumsilikat,
  - Blähglas,
  - Lehm,
  - Gips,
  - Polystyrol bestehen.

Holzwolle-Leichtbauplatten

- bestehen aus langfaseriger Holzwolle, die mit mineralischen Bindemitteln (Zement, Magnesit) zusammengehalten wird,
- sind als „Sandwich" mit einer Einlage von Hartschaum oder Mineralfasern in der Mitte aufgebaut,
- haben gleichzeitig wärmedämmende Eigenschaften,
- müssen immer mit einem volldeckenden Spritzbewurf versehen werden.

Gipshaltige Platten

- sind in alten Gebäuden als sog. Gipsdielen zu finden, die
  - als Putzträgerplatten dienen,
  - durch Schilfrohre oder Kokosfasern stabilisiert werden,
- sind inzwischen Gips- bzw. Gipsfaserplatten, die auch im Trockenbau oder zum Brandschutz eingesetzt werden,
- sind nur für den Innenbereich geeignet.

Profile

Einsatzbereiche:

- bei Putzflächen exakte Ausbildung von
  - Ecken
  - Kanten
  - Übergängen
  - Abschlüssen
- spezielle Profile zur Ausbildung von
  - Bewegungsfugen
  - Tropfkanten

Putzprofile

- können aus Metall und/oder Kunststoff bestehen,
- müssen so befestigt werden, dass keine Hohlräume hinter ihnen entstehen,
- müssen aus Edelstahl sein, wenn sie auf salzbelastetem Mauerwerk eingesetzt werden, um nicht von den Salzen angegriffen zu werden.

Die **Ansetzmörtel** zur Befestigung

- müssen schnell abbinden,
- müssen sich mit dem Putzgrund sowie dem anschließend aufzutragenden Putz vertragen,
- dürfen auf feuchtem Untergrund oder im Außenbereich nicht gipshaltig sein, da
  - gipshaltige Mörtel durch Feuchtigkeit ihre Festigkeit verlieren, sodass sich die Profile lösen,
  - Treiberscheinungen auftreten, wenn Feuchtigkeit, Gips und Zement zusammenkommen.

„Pariser Leisten"

- Lehren (Profile, Unterputzleisten), über die das Werkzeug geführt wird, um eine besonders ebene Putzoberfläche zu erzielen
- Einsatz insbesondere dann, wenn die hohen Qualitätsstufen Q 3 oder Q 4 (siehe Kapitel 2.2.4.1) erreicht werden sollen

Anwendung und **Vergütung:**
- Die „Pariser Leisten" werden in einen mehrlagigen Putz eingearbeitet.
- Sie werden ggf. nach dem Auftragen des Unterputzes entfernt und durch Unterputz ersetzt.
- Anschließend wird die Fläche mit feinporigem Spachtel abgezogen, verdichtet und glatt geschliffen.
- Die Oberfläche ist danach geeignet für glatte oder strukturierte Wandbekleidungen mit Glanz.
- Das Einarbeiten von „Pariser Leisten" ist eine besonders zu vergütende Leistung.

Rissinstandsetzung

Zur Putzgrundvorbereitung zählt auch die Instandsetzung
- von Rissen im Mauerwerk und
- von Rissen im Putz.

Die Instandsetzung kann erfolgen
- auf sehr unterschiedliche Weise und
- mit sehr unterschiedlichen Materialien, z. B. mit Reparaturmörteln (siehe Tabelle 2.8).

Rissverschluss:

- Die einzelnen Verfahren und Verarbeitungsschritte zum Verschluss von Rissen im Putz sind in Tabelle 2.8 zusammengefasst.
- Diese Verfahren können zum Teil sinngemäß auf Risse im Mauerwerk übertragen werden.

statische Risse im Mauerwerk:

- Verankerung oder
- Verpressung erforderlich

Rissverankerung:

- Spiralanker gerade lassen oder an den Enden jeweils 10 cm im rechten Winkel biegen, sodass Klammern entstehen
- quer zum Riss Schlitze fräsen (ca. 4 cm × 4 cm tief; 3 Schlitze pro Meter)
- Spiralanker mit Ankermörtel oder Epoxidharzmörtel einbetten
- Schlitze mit geeignetem Mörtel verschließen

Rissverpressung:

- Risse freilegen und mit schnell bindendem Zementmörtel verdämmen
- Risse schräg anbohren mit
  - Bohrlochdurchmesser von z. B. 22 mm
  - Bohrlochtiefe von ca. ½ Wanddicke
  - Bohrlochabstand von ca. ⅔ Wanddicke
  - Bohrlochanordnung wechselseitig
- Bohrlöcher mit Druckluft oder Staubsauger reinigen
- Packer einsetzen und verspannen
- in die Bohrlöcher Einpressmörtel (bei Altbaumauerwerk) oder Injektionsharz (bei Beton) mit geeigneter Maschine injizieren
- Packer entfernen

Tabelle 2.8: Instandsetzung gerissener Putze an Fassaden gemäß WTA-Merkblatt 2-4-08/D (WTA, 2008)

zu behandelnde Rissart	Instandsetzungsart	Verfahren[1]
ruhende Einzelrisse mit Rissbreiten bis 0,1 mm, die nach Fertigstellung aufgetreten sind	Rissverschluss mit gefüllter Beschichtung	E 1
einzelne Putzrisse, wenn geringe optische Anforderungen gestellt werden und erneute geringe Rissbildung akzeptiert wird	starrer Rissverschluss mit Mörtel	E 2
einzelne Putzrisse, wenn geringe optische Anforderungen gestellt werden und geringe Rissbreitenänderungen nicht auszuschließen sind	flexibler Rissverschluss mit Fugendichtstoff	E 3
Einzelrisse mit zu erwartender Rissbreitenänderung bis ca. 0,2 mm	Rissüberbrückung mit Trennlage und Putzträger	E 4
geradlinige Risse mit geringer Rissbreitenänderung	Bewegungsfuge mit Fugendichtstoff	E 5

Arbeitsgänge	**Materialien**
• ggf. reinigen • Riss verschlämmen	• Füllfarbe • Streichfüller (hochgefülltes Anstrichmittel)
• ggf. Risse aufweiten • reinigen • ggf. Rissränder festigend grundieren • Riss mit Mörtel ausfüllen • Oberputzstruktur angleichen	• kunstharzmodifizierter mineralischer Feinmörtel mit feinem Zuschlag oder • organisch gebundener Feinmörtel
• Riss 5 bis 10 mm breit v-förmig aufweiten • reinigen • festigende Grundierung aufstreichen • mit überstreichbarem Fugendichtstoff verfüllen • ggf. mit Sand abstreuen	• Grundiermittel • Fugendichtstoff
• Putz beidseitig des Risses auf ca. 20 cm Breite entfernen • Oberputz zusätzlich beidseitig ca. 5 cm breit entfernen • reinigen • Trennlage aufbringen • Putzträger anbringen • Unterputz auftragen • Oberputz auftragen, dabei Struktur angleichen	• Trennlage (z. B. mehrlagiges Glasvlies) • Putzträger (z. B. Drahtgewebe) • Unterputz • Oberputz
• Riss zu einer Fuge aufweiten, deren Breite das Vierfache der zu erwartenden Rissbreitenbewegung, jedoch mindestens 8 mm beträgt • reinigen • ggf. Fuge mit Schaumstoffschnur hinterfüllen • festigende Grundierung aufstreichen • mit plastoelastischer, anstrichverträglicher Fugendichtmasse verfugen	• festigendes Grundiermittel • Schaumstoffschnur • plastoelastische Fugendichtmasse

Tabelle 2.8: Fortsetzung

zu behandelnde Rissart	**Instandsetzungsart**	**Verfahren[1)]**
geradlinige Risse mit größerer Rissbreitenänderung	Bewegungsfuge mit Profil	E 6
alle Risse mit Rissbreitenänderung bis 0,1 mm	organische Beschichtungssysteme	F 1
ruhende Risse mit Rissbreiten < 0,2 mm	rissfüllende Beschichtungssysteme	F 2
	rissfüllende Beschichtungssysteme für kalkreiche Putze	F 3
ruhende Risse mit Rissbreiten < 0,2 mm bei tragfähigen Altputzen	mineralische Oberputze	F 4

Arbeitsgänge	**Materialien**
• Putz beidseitig des Risses auf ca. 10 cm Breite bis zum Putzgrund entfernen • Oberputz zusätzlich beidseitig ca. 5 cm breit entfernen • reinigen • Bewegungsfugenprofil einbauen • Unterputz auftragen • Oberputz auftragen, dabei Struktur angleichen	• Bewegungsfugenprofil • Unterputz • Oberputz
• reinigen • grundieren • Risse über 0,2 mm Breite mit Riss-/Streichfüller verschlämmen • Zwischenbeschichtung ggf. mit Vlieseinlage • flächige Schlussbeschichtung mit plastisch verformbarer Dispersionsfarbe	• Grundiermittel • Dispersionsfarbe
• reinigen • Fläche mit wasserabweisendem Grundieranstrich grundieren • ggf. Risse mit Riss-/Streichfüller verschlämmen • Zwischenbeschichtung • flächige Schlussbeschichtung	• wasserabweisende Dispersionssilikat-Füllfarbe oder • Siliconharz-Füllfarbe oder • Dispersionsfarbe jeweils mit entsprechendem Grundiermittel
• reinigen • grundieren • Risse über 0,2 mm Breite mit Riss-/Streichfüller verschlämmen • Fläche mit wasserabweisendem Grundieranstrich grundieren • ggf. Zwischenbeschichtung • flächige Schlussbeschichtung	• wasserabweisende Dispersionssilikat-Füllfarbe oder • Siliconharz-Füllfarbe jeweils mit entsprechendem Grundiermittel
• reinigen • ggf. grundieren • Oberputz aufbringen • ggf. Beschichtung aufbringen	modifizierter mineralischer Oberputz

Tabelle 2.8: Fortsetzung

zu behandelnde Rissart	Instandsetzungsart	Verfahren[1)]
Risse mit Rissbreitenänderungen bis 0,2 mm	mineralischer bewehrter Unterputz und mineralischer Oberputz	F 5
	organischer bewehrter Unterputz und organischer Oberputz	F 6
Risse mit Rissbreitenänderungen bis 0,5 mm	Wärmedämmputz-systeme	F 7
Risse mit Rissbreitenänderungen bis 1 mm und Rissaufweitungen bis 2 mm	Wärmedämm-Verbundsysteme	F 8

1) Verfahren E: Instandsetzung von Einzelrissen, Verfahren F: flächige Instandsetzung

Arbeitsgänge	Materialien
• bei rauer Putzstruktur grobe Körnung abstoßen oder abfräsen • Unebenheiten im Putzgrund mit mineralischem Unterputz ausgleichen • alkalibeständiges Glasfasergewebe zwischen 2 Schichten Unterputz frisch in frisch einbetten • wasserabweisenden mineralischen Oberputz auftragen • ggf. Farbanstrich	• mineralischer Unterputz • alkalibeständiges Glasfasergewebe • wasserabweisender mineralischer Oberputz • ggf. Egalisationsfarbe
• bei rauer Putzstruktur grobe Körnung abstoßen oder abfräsen • Unebenheiten im Putzgrund mit organischem Unterputz ausgleichen • alkalibeständiges Glasfasergewebe zwischen 2 Schichten Unterputz frisch in frisch einbetten • wasserabweisenden organischen Oberputz auftragen	• organischer Unterputz • alkalibeständiges Glasfasergewebe • wasserabweisender organischer Oberputz
• ggf. Putzträger aufbringen • Dämmputz auftragen • bewehrten Unterputz mit Gewebeeinlage auftragen • wasserabweisenden Oberputz auftragen	• wellenförmiges oder ebenes Drahtnetz • Wärmedämmputz • mineralischer Unterputz • alkalibeständiges Glasfasergewebe • wasserabweisender mineralischer Oberputz
• Dämmplatten anbringen • bewehrten Unterputz mit Gewebe auftragen • Oberputz auftragen	• Plattenkleber • Dämmstoffplatten • ggf. Dübel • Unterputz • alkalibeständiges Glasfasergewebe • wasserabweisender mineralischer Oberputz

2.2.1.2 Putzgrundvorbehandlung

Vornässen

- Durch das Vornässen wird die Saugfähigkeit des Putzgrunds vermindert.
- Vorgenässt wird etwa 2 Stunden, bevor die Putzarbeiten beginnen.
- Bei stark saugendem Untergrund empfiehlt es sich, bereits am Vortag vorzunässen.
- Ein zu geringes Vornässen des Putzgrunds kann genauso schädlich sein wie ein zu starkes.
- Ein Wasserfilm auf dem Putzgrund ist in jedem Fall zu vermeiden.

Wassergehalt des Putzgrunds:

- Der Wassergehalt lässt sich auf der Baustelle nur schwer bestimmen.
- Feuchtigkeit ist oft direkt zu fühlen, wenn mit der flachen Hand über den Putzgrund gewischt wird.
- Auch aufgespritztes Wasser kann einen Hinweis geben:
  - Bei einem Abperlen oder Farbumschlag von hell nach dunkel erst nach mehreren Minuten weist dies auf einen feuchten oder sehr dichten Putzgrund hin.
  - Die Beurteilung ist eher Erfahrungssache.

Aufbrennsperren

Aufbrennen:

- Ein sehr stark saugender Putzgrund entzieht dem Putz rasch das Anmachwasser.
- Die Bindemittel können nicht vollständig reagieren.

Aufbrennsperren

- verhindern den Vorgang des Aufbrennens,
- bestehen meist aus nicht filmbildenden Kunststoffdispersionen, manchmal auch aus Seifen,
- sind oft eingefärbt, damit erkannt werden kann, welche Bereiche des Putzgrunds bereits behandelt wurden,
- werden häufig auch als Konzentrate angeboten, die auf der Baustelle mit Wasser verdünnt werden (dabei Gefahr zu starker Verdünnung und damit Unwirksamkeit),
- können nicht durch übermäßiges Vornässen oder in Wasser aufgeschlämmten Kalk oder Zement ersetzt werden (damit werden eher schädliche Trennschichten erzeugt).

Auftrag:

- Streichen
- Bürsten
- Walzen
- Spritzen (Spritzpistole, airless)

Die DIN V 18550 enthält in Abschnitt 9.2.3 besondere **Regelungen für gipshaltige Putze:**
„Bei stark saugenden Putzgründen oder Mauerwerk aus verschiedenen Baustoffen ist zur Reduktion bzw. zur Vergleichmäßigung des Saugvermögens eine geeignete Grundierung (Aufbrennsperre) aufzutragen, die vor dem Verputzen getrocknet sein muss.

Die Putzgründe sollten vor dem Verputzen ihre Ausgleichsfeuchte erreicht haben (vom Untergrundhersteller zu erfragen) und saugfähig sein. Bei Normalbeton sollte die Restfeuchte einen Masseanteil von 3 % im Oberflächenbereich bis 3 cm Tiefe nicht überschreiten. [Die Angabe bezieht sich auf Normalbeton mit einer Trockenrohdichte von ca. 2.300 kg/m^3; 3 Masse-% Feuchtigkeit, bei Darr-Prüfung gemessen, entsprechend rund 7 Volumen-% Feuchtigkeit; bei Leichtbeton mit einer Trockenrohdichte von 1.400 kg/m^3 liegt der Wert bei ca. 5 Masse-%.]

Putzgründe mit hohen Feuchtegehalten dürfen erst nach weiterer Trocknung verputzt werden. Ansonsten ist ein Verputzen mit gipshaltigen Materialien nicht möglich, es sei denn, es wird ein flächiger, mechanisch befestigter Putzträger verwendet. Auf schwach oder nicht saugenden Betonflächen ist vor dem Putzauftrag eine geeignete Haftbrücke (gefüllt mit mineralischen Gesteinskörnungen) aufzutragen. Die Haftbrücke muss vor dem Putzauftrag getrocknet und fest sein. Dabei darf die Untergrund- und Verarbeitungstemperatur von +5 °C nicht unterschritten werden. Gegebenenfalls kann eine Bewehrung des Putzes erforderlich sein (z. B. wegen unterschiedlichen Schwindverhaltens oder mangelnder Stabilität der Untergründe)."

Grundierungen und Salzbehandlung

Dünnschichtige Oberputze

- werden oft nur in Kornstärke aufgezogen und
- weisen mitunter sehr dünne Stellen auf (z. B. Rillen im Rauputz).

Grundierungen

- verhindern, dass Wasser durch dünne Stellen des Oberputzes in den Unterputz eindringt und
- sind normalerweise weiß eingefärbt, um ein Durchscheinen des grauen Unterputzes zu verhindern.

chemische Salzbehandlung:

- früher durchgeführt, damit baustoffschädigende Salze (in Altbaumauerwerk meist vorhanden) nicht in den frisch aufgetragenen Putz einwandern und diesen schädigen
- Umwandlung leicht löslicher Salze in schwer lösliche und damit für den Putz unschädliche Verbindungen angestrebt
- Verwendung einer wässrigen Lösung von Bleihexafluorosilikat zur Behandlung von Sulfaten und Chloriden
- heute nicht mehr angewendet, da
  - verwendete Lösung giftig
  - Wirkung nur begrenzt
  - keine Erfassung der Nitrate

Widerstandsfähigkeit gegen Salze:
Sie wird dadurch erzielt, dass der Putz

- seine Festigkeit und
- seine wasserabweisenden Wirkung

möglichst rasch erreicht.

Ausblühungen:

- Die Forderung in DIN V 18550, Abschnitt 9.2.1 „*Sichtbare putzschädigende Ausblühungen sind zu beseitigen oder unschädlich zu machen*“ ist nicht zu erfüllen.
- Das Beseitigen bringt keinen Vorteil, da
  - sich ein Großteil der Salze im Untergrund befindet,
  - diese Salze anschließend wieder ausblühen können.
- Ein Unschädlichmachen ist ebenfalls nicht möglich, da es keine Mittel dafür gibt.
- In begrenztem Umfang ist bei Ausblühungen nur ein Opferputz (Kompressenputz) sinnvoll.

Herstellen ausreichender Rauigkeit

Aufrauen eines **tragfähigen Altputzes:**

- Anhacken mit einem Beil
- Abbürsten mit einer Stahlbürste oder einem Stahlbesen
- Sandstrahlen
- Nadelstrahlen

Haftbrücken

- werden eingesetzt bei unzureichender Haftung von Putzen auf glatten, schwach saugenden oder unregelmäßig saugenden Putzgründen (z. B. verdichtete und mit Trennhilfsmitteln geschalte Betonflächen),
- schaffen eine griffige Oberfläche, auf der Putze gut haften,
- bestehen aus nicht filmbildenden, wässrigen Kunststoffdispersionen, die mit Quarz- oder Bimssand gefüllt sind,
- müssen alkaliresistent und alterungsbeständig sein,
- dürfen keine durchgehende, undurchlässige Schicht bilden, da sonst der Feuchtigkeitsaustausch behindert wird,
- müssen das Anmachwasser in den Putzgrund eindringen lassen,
- sollten sich etwas anlösen, damit sich der Putz sowohl im Untergrund als auch in der Haftbrücke selbst verankert,
- werden gebrauchsfertig oder als Konzentrate angeboten, die vor der Verarbeitung mit Wasser verdünnt werden können,
- werden mittels Lammfellwalze oder Bürste aufgetragen (können auch mit einem geeigneten Gerät gespritzt werden).

spezielle **Haftbrücken** für **dichte Untergründe** (Fliesen oder Versiegelungen):

- Wasserdampfdurchlässigkeit nicht im Vordergrund, sondern Herstellen eines festen Verbunds des Putzes zum Untergrund

- meist hoch mit Sand gefüllt und pastös
- Auftrag mit der Traufel statt mit Bürste oder Walze
- Mischung mit etwas Zement vor dem Auftragen für die Anwendung im Außenbereich möglich

Spritzbewurf
- ist eine spezielle Form der Haftbrücke,
- besteht aus Zement und grober Gesteinskörnung (bis 4 mm oder gröber),
- kann bei einem besonders glatten und schwach saugenden Putzgrund Haftzusätze enthalten (Zugabe zum Anmachwasser),
- zählt nicht als Putzlage,
- wird aber wie eine Putzlage behandelt (Putzgrund wird vorgenässt, Nachbehandlung des Spritzbewurfs erforderlich),
- ist immer vorzusehen bei sehr unterschiedlich zusammengesetztem und damit unterschiedlich saugendem Putzgrund (häufig im Altbaubereich),
- wird in der Normenreihe DIN EN 13914 „Planung, Zubereitung und Ausführung von Innen- und Außenputzen“ (2005) auch als Stipple bezeichnet.

Aufgaben des Spritzbewurfs:
- Ausgleich unterschiedlicher Eigenschaften des Putzgrunds (insbesondere im Altbaubereich bezüglich Festigkeit und Saugverhalten)
- Verbesserung der Haftung zwischen Putzgrund und Putz

Auftrag des Spritzbewurfs:

- von Hand mit Kelle, Spritzputzapparat („Putzhexe") oder Zahntraufel
- mit einer Putzmaschine nur bei größeren Flächen sinnvoll (da die Maschine viel Material fördert und die Schicht zu dick werden kann)
- volldeckend bei
  - stark oder unterschiedlich saugendem Mauerwerk (z. B. Mischmauerwerk)
  - Baustoffen, die vor Feuchtigkeit zu schützen sind (z. B. Holzwolle-Leichtbauplatten)
- halbdeckend (netzförmig, warzenförmig)
  - bei schwach saugendem Putzgrund (z. B. Beton, Vormauersteinen)
  - im Sanierputzsystem (höchstens 50 % des Putzgrunds bedeckend, um keine Sperrschicht zu erzeugen)
- beachten, dass die Ecken nicht mit Spritzbewurf ausgefüllt werden

Auftrag des Putzes:

- erst möglich, wenn der Spritzbewurf erhärtet ist und sich nicht mehr abreiben lässt (Erhärtungsdauer ohne Beschleuniger einige Tage)
- bei Gipsputz erst möglich, wenn der Spritzbewurf trocken ist, um eine Reaktion zwischen Zement und Gips zu vermeiden (Trocknungsdauer 3 Wochen und länger)

Konsistenz des Spritzbewurfs:

- Der Spritzbewurf muss die vom Hersteller angegebene Konsistenz haben (Wasserbedarf).

- Wird er zu dünnflüssig angemacht, entsteht an der Oberfläche eine glasige Sinterschicht, die die Haftung des nachfolgenden Putzes beeinträchtigt.
- Eine Sinterschicht muss aufgeraut werden, beispielsweise mit einer Drahtbürste.

Putzhaftbrücke („Vorputz"):

- Aufbringen des Spritzbewurfs mit einer Zahntraufel in nicht zusammenhängender Schicht (insbesondere im Altbaubereich)
- auch Verwendung eines Kalkzementputzes oder eines anderen Unterputzes möglich

2.2.2 Material

2.2.2.1 Baustellenputzmörtel, Werkputzmörtel und Sondermischungen

Baustellenputzmörtel

- Bedeutung insbesondere in der Bauwerksanierung und Denkmalpflege
- hier in der Regel Einsatz von Kalkputzen und Lehmputzen
- vor dem Auftrag Eignungsprüfung an Musterflächen
- Herstellung aus den auf der Baustelle vorhandenen Ausgangsstoffen
- Zusammensetzung nach einem vorgegebenen Rezept (siehe Kapitel 1.3.2.2, Tabellen 1.6 und 1.7)
- Mischen auf der Baustelle („Baustellenmischungen" umgangssprachliche Bezeichnung für Baustellenputzmörtel)
- viel Erfahrung und Fachwissen erforderlich, um Baustellenputzmörtel herzustellen

zu **berücksichtigende Faktoren** zur **Fehlervermeidung**:

- Da der Bindemittelbedarf vom verwendeten Zuschlaggemisch abhängt, sind die Rezeptangaben nur als Empfehlung zu betrachten.
- Die Zuschläge lagern oft im Freien, wodurch der Feuchtigkeitsgehalt schwankt und Verschmutzungen nicht auszuschließen sind.
- Die Dosierung der einzelnen Komponenten und des Anmachwassers erfolgt meist nach Volumen (Schaufel, Eimer), was ungenau ist.
- Zusatzmittel lassen sich nur schwer beimischen (sind in der Regel nur in kleinen Mengen zuzugeben) und können höchstens im Anmachwasser gelöst oder aufgeschlämmt werden.
- Die Mischzeit darf nicht zu lang oder zu kurz sein.

Regelwerke und **Haftung:**

- Baustellenputzmörtel sind nicht genormt und nicht überwacht.
- Putzhersteller und damit verantwortlich für das Material und dessen Eigenschaften ist trotz vorgegebener Rezeptur der Verarbeiter auf der Baustelle.
- Er haftet nach VOB 4 Jahre, nach BGB 5 Jahre für den Mörtel und die Verarbeitung.

Nicht zum Mischen auf der Baustelle geeignet sind z. B.

- Mörtel zur Bauwerksabdichtung, da hier der Kornaufbau sehr genau abgestimmt sein muss,
- Gipsputzmörtel, da sie weich, geschmeidig, gut förderbar und damit prädestiniert für die Maschinenverarbeitung sind,

- Zusatzmittelkombinationen für Sanierputze, da die Beimischung in der Praxis selbst unter idealen Voraussetzungen nicht funktionierte.

Werkputzmörtel und werkmäßig hergestellte Putzmörtel

Werkputzmörtel

- ersetzen seit etwa 1970 nach und nach die Baustellenputzmörtel,
- werden in einem Werk hergestellt, geprüft und in Säcke gepackt bzw. in Bigbags oder Silos gefüllt.

Werkfrischmörtel

- werden im gebrauchsfertigen Zustand (mit Wasser angemacht) an die Baustelle geliefert,
- kommen nicht als Putzmörtel zum Einsatz,
- werden vereinzelt als Mauermörtel verwendet.

Kalk-Sand-Werk-Vormörtel

- werden auf der Baustelle noch mit Zement und Wasser gemischt und
- sind eher die Ausnahme.

Hinweis

Zur Definition von Werkputzmörteln und werkmäßig hergestellten Putzmörteln siehe Kapitel 1.1.

Vorteile von Werkputzmörteln:

- genaue Dosierung der Rohstoffe
- geschützte Verpackung und Lieferung
- definierte Wasserzugabe

- definierte Mischzeit
- leichte, wirtschaftliche, sichere Verarbeitung

Prüfung bei Anlieferung an die Baustelle:

- Um zu prüfen, ob es sich um den bestellten Werkputzmörtel handelt, wird die Gebindeaufschrift, der Lieferschein oder das Begleitdokument kontrolliert.
- Bei Systemen ist zu prüfen, ob die einzelnen Komponenten von demselben Hersteller stammen (wenn nichts anderes vereinbart wurde).
- Es wird geprüft, ob der Werkputzmörtel mit den Materialangaben im Leistungsverzeichnis übereinstimmt (wenn inzwischen keine Abweichung davon vereinbart wurde).

Herstellerangaben genau beachten:

- Wasserbedarf
- Werkzeug/Maschinenausrüstung
- Mischzeit
- Verarbeitbarkeitszeit
- Nachbehandlung

Hinweis

Auf der Baustelle nichts zumischen, da der Mörtel sonst verfälscht wird und andere Eigenschaften als die zugesagten aufweist, es sei denn, der Hersteller lässt dies ausdrücklich zu oder empfiehlt es sogar.

Sind andere Anmachflüssigkeiten als Anmachwasser erlaubt, muss der Hersteller dies ausdrücklich zulassen, bestätigen oder empfehlen (siehe auch Kapitel 2.2.3.1).

Sondermischungen

Sondermischungen sind erforderlich, wenn Putze
- nicht als Werkputzmörtel verfügbar und
- nicht als Baustellenputzmörtel einfach herzustellen sind.

Ausgangspunkte für die **Rezeptur:**
- Untersuchungen des Putzgrunds
- Aufgabenbeschreibung für den Putz, der bestimmte Eigenschaften erfüllen muss

Anforderungen an den Putz:
- technische Anforderungen
- Verträglichkeit der einzelnen Komponenten miteinander
- Verträglichkeit mit dem Putzgrund und anderen Baustoffen

Zur **Herstellung** von Sondermischungen
- wird eine Rezeptur aufgrund von Erfahrungen und Versuchen erstellt,
- müssen die Anwendungsmöglichkeiten und -grenzen sorgfältig abgewogen werden,
- werden die Komponenten nach einer vorgegebenen Rezeptur in einem Werk gemischt.

Entwicklung und **Prüfungen:**
- Da sich manche Fragen erst im Laufe der Entwicklung ergeben, ist eine enge Zusammenarbeit von allen Beteiligten äußerst wichtig, also von
  - Planern,
  - Restauratoren,
  - Verarbeitern und
  - Werklabor.

- Handmuster und Musterflächen geben erste Auskünfte über die Brauchbarkeit.
- Meist sind Prüfungen und Nachweise erforderlich, um zu belegen, dass die Anforderungen erreicht wurden.
- Dazu muss zunächst festgelegt werden, welche Parameter wichtig sind und geprüft werden müssen.

Verarbeitung:

- Für die Verarbeitung müssen Arbeitsanweisungen zur Verfügung gestellt werden.
- Mitunter ist es erforderlich, den Putz auf der Baustelle zu modifizieren, beispielsweise durch
  - Pigmente oder
  - zusätzliche Gesteinskörnungen.
- Ob dies problemlos möglich ist oder was beachtet werden muss, ist zuvor zu klären.
- Auf jeden Fall sollten Rückstellproben aufbewahrt werden.

2.2.2.2 Mischungen von Bestandteilen

Bindemittel und Zuschläge

Werden dem Werkputzmörtel Bindemittel oder Zuschläge (Gesteinskörnungen) zugemischt,

- wird der Mörtel verfälscht,
- werden die Eigenschaften des Putzes verändert,
- kann die vorgesehene Funktion beeinträchtigt oder gar zunichte gemacht werden,
- kann es zu Rissen und Hohlstellen kommen, wenn das Festigkeitsgefälle (Putzregel „weich auf hart") nicht mehr eingehalten ist.

Ettringitbildung:

- Auf keinen Fall miteinander verträglich sind
  - Gips und Zement sowie
  - Gips und hydraulischer Kalk.
- Durch die Reaktion dieser Bindemittel bildet sich der sog. „Zementbazillus" (das Mineral Ettringit).
- Ettringit besitzt ein großes Volumen und ruft somit Treiberscheinungen, Gefügezerstörungen und Risse hervor.

Verträglichkeit:

- Die Tabelle 2.9 zeigt, welche Bindemittel miteinander verträglich sind.
- Gesteinskörnungen, Gesteinsmehle und Leichtzuschläge für Putze sind inert.
- Inerte Stoffe reagieren nicht mit den Bindemitteln und vertragen sich daher mit ihnen.

Tabelle 2.9: Verträglichkeiten verschiedener Bindemittel und latent hydraulischer Stoffe untereinander

	Lehm	Baugips	Luftkalk	hydraulischer Kalk	Zement	Puzzolan
Lehm		+	+	o	o	o
Baugips	+		+	–	–	o
Luftkalk	+	+		+	+	+
Wasserkalk	o	–	+		+	+
Zement	o	–	+	+		+
Puzzolan	o	o	+	+	+	

\+ verträglich
– nicht verträglich
o verträglich, praktisch jedoch nicht angewandt

Zusatzmittel

Beschleunigung:

- Um zementhaltige Putze zu beschleunigen, wird oft schnell abbindender Zement beigemischt.
- Es ist aber ein Trugschluss, dass sich dadurch die Abbindezeit insgesamt verkürzt.
- Beide Bindemittel (Zemente) binden unabhängig voneinander ab.
- Der schnell abbindende Zement verfestigt sich schon, während noch mit dem Putz gearbeitet wird.
- Die bereits gebildeten „Brücken" brechen wieder auf.
- Folge sind Spannungen und Risse im Putz.
- Beschleunigen lassen sich Putze nur mit flüssigen oder pulverförmigen Zusatzmitteln.

Abtönung:

- Zum Abtönen können Pigmente oder Farbpasten zugemischt werden.
- Ihre Verteilung ist jedoch meist nicht gleichmäßig genug.
- Dadurch entstehen Flecken und Schlieren.

2.2.2.3 Produktauswahl und Kombination von Systemkomponenten unterschiedlicher Hersteller

Auswahl von Produkten

Ausschreibung:

- In den Ausschreibungstexten werden meist Produkte vorgegeben, die für den vorgesehenen Zweck geeignet sind.

- Bestimmte Produkte (mit Markenbezeichnungen) können nur dann vorgeschrieben werden, wenn es keine Alternativen gibt.
- Dies ist jedoch in der Regel nicht der Fall, sodass in der Ausschreibung nur eine Richtqualität angegeben wird.
- Dem Verarbeiter ist es freigestellt, ein gleichwertiges Produkt zu verwenden.

Probleme der Produktauswahl:

- Der Begriff „Gleichwertigkeit" ist nicht eindeutig definiert.
- Gleichwertigkeit ist kaum zu belegen oder nachzuweisen.
- Ein Vergleich der technischen Daten, der Eigenschaften und des Einsatzzwecks gibt nur Hinweise.
- Wird statt eines ausgeschriebenen Produktes ohne Absprache ein anderes verarbeitet, so kann der Bauherr Ansprüche wegen fehlerhafter Arbeit geltend machen.
- Der Verarbeiter haftet dann im Rahmen seiner Gewährleistung.
- Dies gilt sogar, wenn ein höherwertiges Produkt verarbeitet wurde.

Kombination von Systemkomponenten unterschiedlicher Hersteller

Putzsysteme bestehen aus mehreren aufeinander abgestimmten

- Vorbehandlungen,
- Putzen und
- Beschichtungen.

Hersteller der Komponenten (Systembindung):

- Sind Putzsysteme ausgeschrieben, so sollten die Komponenten von nur einem Hersteller stammen.
- Schwerwiegende Folgen kann es haben, wenn
  - Putze verschiedener Systeme gegeneinander ausgetauscht werden oder
  - nicht zum System gehörende Putze integriert werden.
- Selbst wenn sich Putze unterschiedlicher Hersteller miteinander „vertragen“ und wie vorgesehen im System funktionieren, sind die Verantwortlichkeiten im Schadensfall unklar.
- Nur, wenn das von einem Hersteller angebotene System komplett verarbeitet wird,
  - ist zu erwarten, dass die einzelnen Komponenten zueinander passen,
  - bleibt die Gewährleistung des Herstellers bestehen.

Für Sanierputzsysteme wird im WTA-Merkblatt 2-9-04/D (WTA, 2005, S. 7) ausgeführt:
„Eine Kombination von Produkten verschiedener Sanierputzsysteme ist auszuschließen, soweit vom Hersteller nicht ausdrücklich zugelassen. Die Produkte eines Systems sind in ihren technischen Eigenschaften aufeinander abgestimmt. Eine Kombination kann für die Funktion wichtige Parameter (z. B. die Wasserdampfdurchlässigkeit) beeinträchtigen.“

Gründe für **Abweichungen** von der Systembindung:

- nur selten Unwissenheit
- meist Kostengründe
- manchmal fehlendes Angebot kompletter Systeme vom Hersteller

bei **Abweichungen** zu **beachten:**

- Müssen Hersteller auf Produkte anderer Hersteller zurückgreifen, ist es erforderlich, dass die Kompatibilität der Zusammensetzungen und Eigenschaften erprobt ist.
- Sollen Putze (oder Beschichtungen) eingesetzt werden, die nicht vom Hersteller empfohlen werden, muss sich der Planer oder Verarbeiter vom Hersteller des „oberen" Produktes die Verträglichkeit mit dem „unteren" Produkt bestätigen lassen.
- Diese Bestätigung ist auch in der VOB vorgeschrieben.

2.2.3 Auftrag

2.2.3.1 Anmachen

Das **Anmachwasser**

- setzt chemische Reaktionen in Gang, die schließlich zum Erhärten des Putzes führen,
- ändert mit seiner **Temperatur** die Abbindezeit und damit den Festigkeitsverlauf deutlich:
  - warmes Wasser beschleunigt den Abbindeverlauf und verringert die Festigkeit,
  - kaltes Wasser verzögert den Abbindeverlauf,
- beeinträchtigt durch im Wasser gelöste Stoffe (Wasserhärte) die Luftporenbildung und damit die Festigkeit (kein gravierender, zu berücksichtigender Effekt).

Verbesserung der Haftfestigkeit auf dem Putzgrund:

- Dem Anmachwasser des Spritzbewurfs oder des Putzes kann eine geringe Menge an haftungsverbessernden Mitteln (Polymerdispersion, Haftemulsion) beigegeben werden.

- Hierbei sind die Angaben des Herstellers zu beachten.
- Bei dünnschichtigen Mörteln kann die Konzentration an Haftemulsion größer sein als bei dickschichtigen.
- Oft verbessert sich durch eine solche Zugabe auch die Verarbeitbarkeit des Mörtels.

Polymerdispersion bei Zementputzen:

- vollständiger Ersatz des Anmachwassers durch eine Polymerdispersion möglich, z. B. zur Betoninstandsetzung (siehe Kapitel 1.5.1)
- Einhalten der Herstellerangaben erforderlich
- bindemittelreiche Zementmörtel hierfür besser geeignet als „magere“
- bei bindemittelarmen Mörteln
  - Verlust ihres mineralischen Charakters möglich (Erhärten hauptsächlich durch Verdampfen des in der Polymerdispersion enthaltenen Wassers, nicht durch Reaktion der Bindemittel)
  - meist klebrige Konsistenz, was die Verarbeitung erschwert

Verminderung der Verarbeitbarkeitszeit:

- durch Zugabe einer wässrigen Lösung von Alkalisilikaten (Wasserglas) zum Anmachwasser möglich, so lange der Mörtel noch plastisch ist
- von Vorteil, wenn bei tiefen Temperaturen gearbeitet werden muss
- genaue Dosierungs- bzw. Verdünnungsgradangaben auch vom Hersteller nicht zu leisten, da Mörtelzusammensetzungen sehr unterschiedlich sind

- langsames Herantasten an die richtige Dosierung erforderlich
- dabei beachten, dass eine zu rasche Erstarrungsbeschleunigung zwar die Frühfestigkeit steigert, jedoch auf Kosten der Endfestigkeit geht und zu Rissen führen kann

Beschleuniger und **Verzögerer:**
- Erhärtungsbeschleuniger
  - ändern die Verarbeitbarkeitszeit nicht,
  - bewirken jedoch eine frühere Endfestigkeit,
  - werden dem Anmachwasser in der Regel nicht beigemischt.
- Erstarrungsverzögerer
  - können bei Gipsputzen dem Anmachwasser zugegeben werden und
  - bestanden früher aus Fischleim (auch Glutinleim genannt, wasserlöslicher natürlicher Klebstoff, der aus Tierabfällen durch Auskochen gewonnen wird, auch bei niedrigen Temperaturen flüssig und daher für diesen Zweck gut geeignet ist).

2.2.3.2 Verarbeitungsweisen

Ob ein Putz
- von Hand oder
- mit Maschine

aufgetragen werden soll, hängt von verschiedenen Überlegungen ab:
- Wie lässt sich der Putz am besten verarbeiten?
- Wie groß ist die zu verputzende Fläche?
- Wie ist der Zugang zur Baustelle beschaffen?

Abb. 2.23: Putzauftrag von Hand (Quelle: Jürgen Kurz, Hirrlingen)

Manuelle Verarbeitung

Handverarbeitung

- ist das Auftragen des Putzes von Hand,
- hat in der Altbausanierung und Denkmalpflege sowie beim Bauen im Bestand große Bedeutung,
- kommt vor allem beim Verputzen kleiner und unregelmäßiger Flächen zum Einsatz (Abb. 2.23).

Anmischen:

- von Hand (z. B. mit einer Kelle)
- mit einem Rührwerk (z. B. in Verbindung mit einer langsam laufenden Bohrmaschine)
- mit einer Mischmaschine (z. B. Zwangsmischer/Trogmischer)

Praxistipp

Freifallmischer, wie sie für die Betonherstellung üblich sind, sollten nicht verwendet werden, weil eine genaue Dosierung von Trockenmörtel und Anmachwasser schwierig ist.

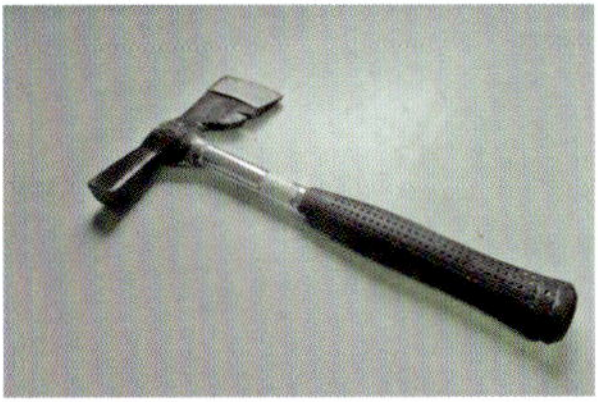

Abb. 2.24: Gipserbeil zur Vorbereitung des Putzgrunds

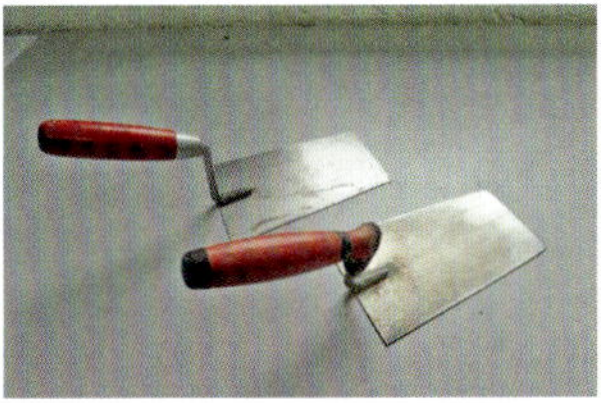

Abb. 2.25: Kellen zum Anrühren und Anwerfen des Putzes

Verfahren:

- Der Putz wird von Hand mittels Kelle an die Wand geworfen oder mit einem Aufziehbrett bzw. einer Traufel aufgezogen.
- Putz oder Spritzbewurf können auch mit einem handbetriebenen Spritzputzapparat aufgespritzt werden.

Werkzeuge für die Handverarbeitung von Putzen (Bezeichnungen oft nur regional gebräuchlich, Aufstellung daher nicht vollständig):

- Gipserbeil (Abb. 2.24)
- Mörtelkübel
- Wassereimer mit Litereinteilung
- Rührquirl
- Kelle (Abb. 2.25)
  - Maurerkelle
  - Gipserkelle
  - Fliesenkelle
  - Fugenkelle
  - Spitzkelle
  - Zungenkelle
  - Herzkelle
  - Dachkelle

Abb. 2.26: Spritzputzapparat („Putzhexe",„Putzwerfer") zum Aufspritzen von Spritzbewurf und Edelputz

Abb. 2.27: Latten/Daluschen zum großflächigen Aufziehen und Ebnen des Putzes

- Eckenkelle
- Glättekelle

- Aufziehbrett
- Spritzputzapparat („Putzhexe", „Putzwerfer", Abb. 2.26)
- Latte/Dalusche (Abb. 2.27)
  - ungezahnt
  - gezahnt
- Traufel/Zahntraufel (Abb. 2.28)
- Kartätsche
- Putzkamm
- Glätter
  - Glätttraufel
  - Flächenspachtel
- Spachtel (Abb. 2.29)
- Scheibe (Abb. 2.30)
  - Schwammscheibe (Schwammgummi, Moosgummi)
  - Filzscheibe (Wollhaar, Filz)
  - Reibebrett (Kunststoff, Styropor)
- Gitterrabot (Abb. 2.31)
- Kratzigel (Nagelbrett, Abb. 2.32)

Abb. 2.28: Traufeln zum kleinflächigen Aufziehen, Ebnen und Glätten des Putzes

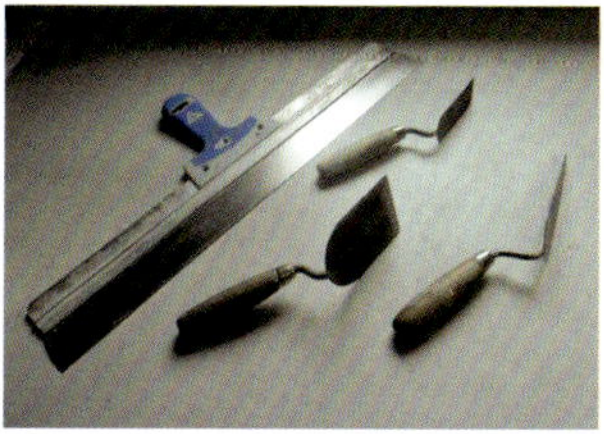

Abb. 2.29: Spachtel zum Feinbearbeiten des Putzes

Abb. 2.30: Scheiben zum Glätten, Filzen und Strukturieren des Putzes

Abb. 2.31: Gitterrabot zum Aufrauen von Putzflächen

Abb. 2.32: Kratzigel (Nagelbrett) zum Herstellen einer Kratzputzstruktur

Abb. 2.33: Maschinelles Auftragen von Zementputz an einer Gewölbedecke (Quelle: Hans Ritter, Ditzingen)

Oberflächenbearbeitung von Putzen mit elektrischen Geräten:

- Geräte mit rotierenden Scheiben
- je nach Bedarf Aufsatz von Scheiben zum
  - Rabottieren (Aufrauen, wörtlich „Hobeln“)
  - Schleifen (mit Schleifgitter, Schleifpapier, Schleifvlies)
  - Kratzen
  - Reiben
  - Filzen
  - Glätten
- zusätzliche Wasserzuführung beim Betrieb möglich
- Einsatz der Geräte auch bei Vollwärmeschutzplatten
  - zum Schleifen
  - zum Aufrauen vor dem Putzauftrag

Maschinelle Verarbeitung

Der Einsatz von Putzmaschinen (Abb. 2.33)

- ermöglicht ein rationelles, zeitsparendes Verputzen,
- bedeutet eine erhebliche Arbeitserleichterung,

- erfolgt seit etwa 1960 zunehmend,
- ist nur für Putze vorzusehen, die für die Verarbeitung mit Maschine geeignet sind (weiche, geschmeidige Putze, die sich gut fördern lassen, was meist durch Zusatzmittel erreicht wird),
- führt zu einer besseren Verankerung und Haftung, da der Putz mit höherem Druck auf den Putzgrund gespritzt wird.

Baustellen- und **Werkputzmörtel:**
- Zum Verarbeiten von auf der Baustelle gemischten Kalk- und Kalkzementputzen mit grobem, scharfkantigem Sand sind hauptsächlich Einkolbenpumpen in Gebrauch.
- Doppelkolbenpumpen und Schneckenpumpen können für fast alle Werkputzmörtel verwendet werden.

Verfahren:
- Putzmaschinen werden
  - von Hand mit Sackware oder über ein direkt angeschlossenes Silo (ggf. mit pneumatischer Förderanlage) gefüllt und
  - mit Strom oder Dieselmotor betrieben.
- **Horizontale Mörtelmischer** (Durchlaufmischer) mischen den Mörtel kontinuierlich zu einer verarbeitungsfähigen Konsistenz.
- Mit **Förderpumpen** werden pumpfähige Werkputzmörtel (Kalkputze, Zementputze) verarbeitet.
- Durch **Zusatzeinrichtungen** (Luftkompressor, Spritzgerät) können auch flüssige und pastöse Produkte aufgetragen werden.

- **Mischpumpen** zum Verputzen
  - arbeiten kontinuierlich,
  - ermöglichen gleichzeitiges Mischen, Fördern und Spritzen,
  - erhalten ohne Unterbrechung eine Zufuhr des Trockenmörtels, mischen ihn mit Wasser und fördern das Gemisch automatisch durch eine Pumpe zum Spritzgerät,
  - werden hauptsächlich für Gipsputze und andere feinkörnige, maschinengängige Mörtel eingesetzt.
- **Feinputzmaschinen** mit Schneckenpumpen werden für sehr feinkörnige Putze und Spachtelmassen verwendet.

Praxistipp

Putzmaschinen nicht in der Sonne stehen lassen und Arbeiten nicht unnötig unterbrechen, sonst gibt es Stopfer (trockene Putzklumpen, die den Förderschlauch verstopfen)!

Wichtigste Maschinenausrüstung zum Verputzen ist eine **Doppelkolbenpumpe** oder **Schneckenpumpe** mit

- Druckerhöhungspumpe,
- Mischwendel,
- Förderschnecke mit Schneckenmantel (Putzschnecke),
- Nachmischer,
- Mörteldruckschlauch,
- Mörteldruckmanometer (ist immer einzusetzen),
- Feinputzgerät,
- Feinputzdüse.

Putzschnecken:

- Dieser Teil der Maschinenausrüstung besteht aus der Förderschnecke (Rotor) aus Stahl und dem Schneckenmantel (Stator) aus Gummi mit Stahlmantel.
- Der Schneckenmantel kann wartungsfrei sein oder mittels Spannschelle nachgespannt werden.
- Zum Antrieb des Nachmischers besitzt die Förderschnecke einen Zapfen.
- Die Art der Putzschnecke richtet sich nach der gewünschten Menge des geförderten Materials, dessen Größtkorn und der Pumpleistung (geringe Pumpleistung für feinkörnige Putze, hohe Pumpleistung für grobkörnige Putze).
- Die Maschinenhersteller geben die Pumpleistung üblicherweise bei 400 Umdrehungen pro Minute an.
- Die Spritzleistung soll 1 bis 2 m^2 pro Minute betragen.
- Der Druck lässt sich beeinflussen durch
  - die Ausbildung der Kammer des Schneckenmantels (Betriebsdruck nicht proportional zur Pumpleistung, sondern abhängig von der Kammergeometrie) und
  - die Anzahl der Steigungen der Schnecke.

Angaben zur erforderlichen **Maschinenausrüstung** (siehe auch Tabelle 2.10):

- in den technischen Merkblättern der Putz- und Maschinenhersteller oder
- auf den Gebinden

Tabelle 2.10: Eignung von Maschinenausrüstungen für Doppelkolbenpumpen und Schneckenpumpen für unterschiedliche Putze (Beispiele)

Putz/Spritzbewurf	Mischwendel	Förderschnecke, Schneckenmantel[1)]	Nachmischer
Spritzbewurf	normal	D 4-½	nein
Zementputz, normale Spritzleistung	normal	D 6-3	nein
Zementputz, erhöhte Spritzleistung	normal	D 8-1,5	nein
Kalkputz	normal	D 6-3	nein
Sanierputz, normale Spritzleistung	normal	D 4-3 mit Zapfen	ja
Sanierputz, erhöhte Spritzleistung	normal	D 8-1,5 mit Zapfen	ja
Leichtputz	normal	D 6-3	nein
Wärmedämmputz	Dämmputz-Mischwendel	D 8-1,5 mit Zapfen	ja
Edelputz	normal	D 4-¼ oder D 4-½ oder ½ D4-3 je nach Größtkorn	nein
dünnschichtiger Putz	normal	D 4-¼ oder D 4-½	nein

1) jeweils wartungsfrei oder spannbar

Schlauchlänge	Mörteldruckschlauch: Durchmesser	Feinputzgerät: Durchmesser	Feinputzdüse: Durchmesser
bis 20 m	25 mm	25 mm	18 mm
bis 20 m	25 mm	25 mm	16 mm
bis 30 m	35 mm	35 mm	16 mm
bis 20 m	25 mm	25 mm	14 mm
bis 20 m	25 mm	25 mm	14 mm
bis 30 m	35 mm	35 mm	16 mm
20 bis 30 m	25 mm bei 20 m Schlauchlänge 35 mm bei 30 m Schlauchlänge	25 mm	14 mm
20 bis 30 m	35 mm	35 mm	18 mm
20 bis 30 m	25 mm	25 mm	14 mm
20 bis 25 m	20 bis 25 mm	20 bis 25 mm	6 bis 8 mm

2.2.3.3 Auftrag unterschiedlicher Putzarten und verwandter Materialien

Wie Putze aufgetragen werden, hängt ab von
- dem Material (der Zusammensetzung) und
- der Arbeitsweise (schnell/langsam).

Hinweis

Bei kritischen Putzgründen kann es erforderlich sein, zunächst einen Putzträger aufzubringen, um die Putzschicht zusätzlich mechanisch am Putzgrund zu verankern.

Insbesondere, wenn die Gefahr von Rissen besteht, werden Bewehrungen in den Putz eingelegt.

Luftkalkputze, Gipsputze und Lehmputze

Luftkalkputze
- werden bei der Sanierung historischer Gebäude als Baustellen- oder Werkputzmörtel verwendet,
- werden bevorzugt von Hand aufgetragen (genauere Kontrolle und Anpassung der Schichtdicke),
- werden mehrlagig aufgetragen, damit die einzelnen Lagen ausreichend carbonatisieren können und das frei werdende Wasser nach außen diffundieren kann,
- werden in Lagen aufgetragen, die
  - etwa viermal so dick sind wie das größte Korn und
  - vor dem Weiterarbeiten aufgeraut und vorgenässt werden,
- erreichen Gesamtputzdicken von 2 cm und mehr,

- sind für die maschinelle Verarbeitung am besten mit feinkörnigen Füllern als Zusatzstoff und Luftporenbildnern als Zusatzmittel geeignet.

Gipsputze
- werden in der Regel als Trockenmörtel (Sack- oder Silowa-re) geliefert,
- werden zumeist maschinell verarbeitet (Entwicklung der modernen Putzmaschinentechnik eng verbunden mit der Verarbeitung von gipshaltigen Putzen),
- werden an Wand oder Decke gespritzt, verteilt, geebnet und geglättet bzw. gefilzt.

Lehmputze
- lassen sich mit herkömmlichen Putzmaschinen auftragen,
- werden jedoch meist von Hand aufgetragen,
- erreichen mit steif angemischten Mörteln Putzdicken von bis zu 5 cm,
- können in mehreren Lagen aufgetragen werden,
  - deren Dicke sich nach der Konsistenz des Materials sowie der Saugfähigkeit und Rauigkeit des Putzgrunds richtet und
  - die vor dem Auftragen der nächsten Lage jeweils aufzurauen sind,
- haben je nach Klima bzw. Lüftung eine Austrocknungsdauer von 4 bis 6 Wochen.

Opferputze

Auftrag:
- eher auf kleine Flächen
- in der Regel von Hand, da der zu behandelnde Putzgrund einen vorsichtigen Putzauftrag verlangt

Entfernung:

- vollständig nach Aufgabenerfüllung
- von Hand oder durch vorsichtiges Trockenstrahlen bei am Untergrund haftenden Resten

Opferputze **OP-I-Salz** (Kompressenputze)

- sind meist zellstoffreiche Putze, die relativ große Mengen an Salzen einlagern können und
- werden auf den salzbelasteten Untergrund direkt aufgebracht.

Opferputze **OP-A**

- haben die Aufgabe, als Puffer- oder Verschleißschicht empfindliche und schutzbedürftige Flächen zu schützen, wie
  - denkmalpflegerisch wertvolle Oberflächen,
  - Malereien,
  - historische Putze,
- können erst nach eingehenden Untersuchungen aufgetragen werden, damit
  - diese Flächen durch den Auftrag nicht geschädigt werden und
  - eventuell erforderliche reversible Trennlagen aus saugfähigem Papier oder Textilien zuvor aufgebracht werden können,
- müssen genau nach den Anweisungen des Planers aufgetragen werden.

Oberputze und Wärmedämmputze

Oberputze

- werden von Hand oder maschinell gemischt und aufgetragen,

- erhalten ihre Strukturierung jedoch immer von Hand, wobei die Oberflächenstruktur beeinflusst wird durch
  - die Art des Werkzeugs (Kratzigel, Scheibe, Spachtel) und
  - den Zeitpunkt der Bearbeitung,
- erhalten oft einen einlagigen Farbanstrich (Egalisationsanstrich), wenn sie eingefärbt und mineralisch sind, da sie dann zur Fleckenbildung neigen können.

Praxistipp

Es ist darauf zu achten, dass die Oberflächenbearbeitung von Oberputzen nicht zu intensiv oder mit zu viel Wasser ausgeführt wird. Ansonsten werden Feinstteile an die Oberfläche gerieben (sog. „Totreiben"), wodurch Fett- oder Schrumpfrisse entstehen können.

Wärmedämmputze

- werden in der Regel ein- oder mehrlagig (bis 5 cm Dicke pro Lage) maschinell aufgetragen,
- erfordern für diesen Auftrag eine besondere Maschinenausrüstung,
- erfordern an Kanten und Übergängen einen Schutz durch Putzprofile (Sockelprofile, Kantenprofile, Sturzprofile, Abschlussprofile, Bewegungsfugenprofile mit elastischem Mittelteil),
- müssen immer in ganzen Gebinden (nicht in Teilmengen!) angemacht werden, da sie Leichtzuschläge enthalten und sich beim Transport entmischen können,
- werden in einer Dicke zwischen 2 und 10 cm aufgetragen.

Akustikputze und Brandschutzputze

Akustikputze

- werden aufgetragen
  - in einer oder mehreren Lagen,
  - allein sowie in Kombination mit anderen Putzen oder Akustikplatten,
- sind relativ weich und können leicht beschädigt werden,
- werden daher meist in geschützten Bereichen (z. B. Decken) angebracht,
- dürfen nicht mit Farbanstrichen überarbeitet werden, damit sich die Poren, die die auftreffenden Schallwellen schlucken, nicht verschließen.

Pulverförmige Akustikputze

- werden mit Wasser angerührt und mit einer Maschine aufgespritzt,
- erfordern mehrere (bis zu 5) Arbeitsgänge, da die Oberfläche rau sein muss,
- haben einzelne Lagen in einer Schichtdicke von etwa 3 mm, die jeweils 24 Stunden lang trocknen müssen.

Akustikputze auf Silikatbasis

- werden zunächst mit der Anmachflüssigkeit (Wasserglas) schaumig aufgerührt,
- erhalten anschließend einen Leichtzuschlag,
- werden mit der Traufel von Hand aufgetragen und mit der Richtlatte abgezogen,
- werden in mehreren Lagen (bis zu 4) aufgetragen,
  - deren Schichtdicke zwischen 5 und 10 mm beträgt,
  - die jeweils 1 bis 2 Tage lang trocknen müssen.

Brandschutzputze

- müssen gut mit dem Putzgrund verbunden sein,
- sind ggf. mit nicht brennbaren Putzträgern (z. B. Drahtgewebe, Ziegeldrahtgewebe, Rippenstreckmetall) zu verankern,
- dürfen nur durch speziell dafür ausgebildete Fachunternehmen verarbeitet werden,
- werden von Hand oder maschinell aufgetragen, je nach Zusammensetzung und Herstellerangaben,
- können maschinell im offenen System (Mischmaschine und Förderpumpe) oder im geschlossenen System (Feinputzmaschine, ggf. mit Dämmputzausrüstung) aufzutragen sein,
- werden ein- oder zweilagig in einer Gesamtschichtdicke von bis zu 5 cm aufgetragen.

Sanierputzsysteme

Spritzbewurf:

- Bei manchen Sanierputzsystemen lässt der Hersteller ein Auftragen ohne Spritzbewurf zu.
- Meist ist jedoch zunächst ein halbdeckender (warzenförmiger, netzförmiger) Spritzbewurf erforderlich.
- Der Spritzbewurf wird in einer relativ dünnflüssigen Konsistenz mit einer Kelle oder einem Spritzputzapparat angeworfen (nur bei größeren Flächen kann es rationell sein, mit einer Putzmaschine zu arbeiten).
- Dabei muss die Förderleistung gering sein, damit nicht zu viel Material aufgespritzt wird und nicht statt eines halbdeckenden Spritzbewurfes eine volldeckende Sperrschicht entsteht.

Ausgleichs- und **Porengrundputze:**

- In Sanierputzsystemen dienen Ausgleichsputze nur zum Ausgleich von groben Unebenheiten.
- Ausgleichsputze werden daher meist von Hand aufgetragen.
- Porengrundputze werden immer vollflächig in einer Schichtdicke von mindestens 1 cm aufgetragen.
- Es kommt bei den Grundputzen entscheidend darauf an, dass der erforderliche Luftgehalt erreicht wird.
- Daher muss bei der Handverarbeitung die Mischdauer eingehalten werden und bei der maschinellen Verarbeitung die Maschinenausrüstung stimmen.

Werkzeuge zum Anmischen (Handverarbeitung):

- starker Elektroquirl
- Zwangsmischer
- Freifallmischer **nicht geeignet** (zu ungenaue Dosierung von Mörtel und Wasser)

Anmischen des **Sanierputzes:**

- Die Herstellerangabe für den **Wasserbedarf** muss genau eingehalten werden.
- Bei solch stark hydrophobierten Putzen scheint die angegebene Wassermenge zunächst zu gering zu sein.
- Durch intensives Rühren entsteht jedoch ein geschmeidiger Mörtel.
- Auch die Herstellerangabe für die **Mindestmischdauer** (in der Regel mindestens 3 Minuten) ist unbedingt einzuhalten, damit
  - die enthaltenen Zusatzmittel aufgeschlossen werden und
  - sich Luftporen bilden können.

Luftgehalt im Frischmörtel:

- Ob der erforderliche Luftgehalt erreicht wurde, lässt sich auf der Baustelle über das Litergewicht abschätzen (siehe Kapitel 1.2.1).
- Es werden Sanierputze angeboten, die ohne intensives Rühren den erforderlichen Luftgehalt erreichen.
- Sie enthalten spezielle selbstschäumende Zusatzmittel.
- Die Herstellerhinweise sind bei diesen Putzen besonders genau zu beachten, da sie oft empfindlich reagieren auf die Temperatur
  - des Anmachwassers,
  - des Putzgrunds und
  - der umgebenden Luft.

maschinelles Anmischen:

- entweder im offenen System (Mischmaschine und Förderpumpe) oder
- im geschlossenen System (Mischpumpe, die gleichzeitig mischt, fördert und spritzt), ggf. mit Zusatzausrüstung

maschineller Auftrag:

- Ob sich die Putze eines Sanierputzsystems maschinell verarbeiten und auftragen lassen, muss
  - vom Hersteller angegeben und
  - durch ein Prüfzeugnis nachgewiesen werden.
- Bei den meisten Putzen von Sanierputzsystemen ist der Einsatz von Putzmaschinen möglich.
- Es können dabei bestimmte Maschinenausrüstungen (z. B. Nachmischer) erforderlich sein.
- Angaben über die Maschinenausrüstung enthalten die technischen Unterlagen der Putz- und der Maschinenhersteller.

Schichtdicken und **Schichtfolgen:**

- Die Schichtdicke des Sanierputzes muss mindestens 2 cm betragen.
- Schichtdicken des Sanierputzes über 4 cm sind zu vermeiden, da die Wasserdampfdiffusion dadurch vermindert wird.
- Nur über Fugen und Vertiefungen dürfen Sanierputzschichtdicken von mehr als 4 cm vorkommen.
- Wird mehrlagig gearbeitet, müssen die einzelnen Lagen mindestens 1 cm dick sein.
- Die Schichtfolgen und Schichtdicken im Sanierputzsystem (siehe Tabelle 2.11) hängen vom Versalzungsgrad des Putzgrunds ab.
- Der Versalzungsgrad ist durch Voruntersuchungen zu ermitteln und zu bewerten.

Tabelle 2.11: Schichtdicken und Schichtfolgen im Sanierputzsystem in Abhängigkeit vom Versalzungsgrad gemäß WTA-Merkblatt 2-9-04/D (WTA, 2005)

Versalzungsgrad[1]	Schichtfolge	Schichtdicken in mm
gering	1. Spritzbewurf	≤ 5
	2. Sanierputz-WTA	≥ 20
mittel bis hoch	1. Spritzbewurf	≤ 5
	2. Sanierputz-WTA	10 bis 20
	3. Sanierputz-WTA	10 bis 20
	1. Spritzbewurf	≤ 5
	2. Porengrundputz-WTA	≥ 10
	3. Sanierputz-WTA	≥ 15

1) durch Voruntersuchungen zu ermitteln und zu bewerten

Oberflächenbearbeitung:

- Die Oberfläche wird unmittelbar nach dem Ansteifen mit einer Zahntraufel, einem Putzkamm o. Ä. waagerecht aufgeraut, damit die folgende Lage zusätzlichen mechanischen Halt bekommt.
- Dabei kommt es auf den richtigen Zeitpunkt an, denn
  - wird aufgeraut, so lange der Putz noch frisch ist, kann sich leicht eine Sinterhaut bilden, und die darauffolgende Lage haftet nicht,
  - wird erst aufgeraut, wenn der Putz schon erhärtet, wird die Oberfläche so stark gestört, dass sie sandet.
- Welche Standzeiten zwischen den einzelnen Lagen einzuhalten sind, gibt der Hersteller an (siehe auch Kapitel 2.2.3.5).
- Die Oberfläche wird mit beginnender Erhärtung strukturiert, z. B. mit einer feinporigen Schwammscheibe.
- Die Oberfläche darf nicht zu intensiv oder mit zu viel Wasser bearbeitet werden („Totreiben"), sonst
  - können Risse entstehen und
  - die Hydrophobierung kann zunichtegemacht werden.
- Soll ein Oberputz aufgetragen werden,
  - bleibt der Sanierputz rau stehen oder
  - wird der Sanierputz rabottiert.
- Oberputze werden
  - an die vorhandene Putzstruktur angepasst oder
  - über die gesamte Fläche (Altputz und Sanierputz) gezogen.

Außenbereich:

- Der Sanierputz wird durch einen waagerechten Schnitt an der Geländeoberfläche getrennt.

- Bei einem Kontakt zum Erdreich besteht die Gefahr, dass Feuchtigkeit aufsteigt
  - in der oberen, nur schwach hydrophoben Schicht des Sanierputzes oder
  - zwischen Sanierputz und Oberputz bzw. Farbe.

Strahlenschutzputze und Abschirmputze

Strahlenschutzputze

- können von Hand oder mit allen üblichen Putzmaschinen verarbeitet werden,
- besitzen wegen des schweren Zuschlags ein hohes Eigengewicht,
- dürfen deshalb nicht in Lagen von mehr als 10 mm aufgetragen werden, um ein Abrutschen zu vermeiden (die untere Lage muss jeweils trocken sein, bevor weitergearbeitet wird),
- sollten eine Gesamtputzdicke von höchstens 25 mm haben, je nach
  - dem geforderten Mindest-Bleigleichwert und
  - der Röhrenspannung des Röntgengeräts im Raum,
- lassen sich mit dünnschichtigen Oberputzen/Edelputzen überziehen.

Abschirmputze

- werden prinzipiell wie andere dünnschichtige mineralische Putze verarbeitet,
- benötigen eine elektrische Ableitung unter oder in dem Putz, die vom Elektriker geerdet werden muss,
- werden in mindestens 2 dünnen Lagen aufgetragen und abgeglättet,

Abb. 2.34: Stopfen eines Wasserdurchbruchs mit pulverförmigem Stopfmörtel

- können mit Anstrichmitteln, Tapeten oder Oberputzen/ Edelputzen überarbeitet werden, ohne dass ihre Funktionsfähigkeit beeinträchtigt wird.

Stopfmörtel

Einsatz zum raschen **Abdichten** von Stellen, in die Wasser von außen in Kellerräume drückt (siehe auch Kapitel 1.5.1):

- Als trockenes Pulver von Hand (Handschuh tragen!) auf die betroffene Stelle gepresst, reagiert das Wasser innerhalb weniger Sekunden damit und das Leck verschließt sich (siehe Abb. 2.34).
- Als flüssiger Schnellbinder mit einer kleinen Menge Zementmörtel angemischt und von Hand (Handschuh tragen!) zu einem Keil geformt, wird mit diesem Keil das Leck verstopft.

Bei zu **großem Wasserandrang**

- kann der Stopfmörtel ausgewaschen werden, ehe er hart ist,

- werden Entlastungsröhrchen gesetzt, durch die das Wasser weiter abfließen kann,
- werden die Röhrchen nach und nach gezogen und die jeweiligen Stellen gestopft.

Hinweis

> Bevor nach dem Abdichten mit Stopfmörtel ein wasserdichter Zementputz oder eine Dichtungsschlämme aufgetragen wird, werden die betroffenen Stellen großflächig mit einem schnell abbindenden Mörtel überzogen.

Mineralische Dichtungsschlämmen

Anmischen:

- Nicht rissüberbrückende mineralische Dichtungsschlämmen sind einkomponentig und werden lediglich mit Wasser angemacht.
- Rissüberbrückende mineralische Dichtungsschlämmen sind meist zweikomponentig; sie werden mit einer Kunststoffdispersion angemischt, die
  - auf den Trockenmörtel abgestimmt ist und
  - als Flüssigkomponente genau auf die Menge des Trockenmörtels abgemessen geliefert wird.

Auftrag:

- Mineralische Dichtungsschlämmen werden dünnschichtig auf einen ebenen Untergrund aufgetragen (Abb. 2.35).
- Am einfachsten ist der Auftrag mit einer Bürste.
- Beim Auftrag mit einer Traufel besteht die Gefahr, dass sich die einzelnen Lagen nicht optimal miteinander verbinden.

Abb. 2.35: Auftrag einer mineralischen Dichtungsschlämme von Hand zur Abdichtung eines Fundaments

- Ein mehrlagiger Auftrag erfolgt
  - bei Bodenfeuchtigkeit und nicht drückendem Wasser in 2 Lagen und
  - bei drückendem Wasser und zur Horizontalabdichtung in mindestens 3 Lagen.
- Die Konsistenz muss jeweils gleich sein.
- Die Gesamtschichtdicke
  - liegt je nach Lastfall zwischen 2 und 5 mm,
  - muss während der Verarbeitung ständig kontrolliert werden,
  - ist insbesondere an Ecken und Kanten einzuhalten.
- Die Trockenschichtdicke ist geringer als die Schichtdicke im frischen Zustand, was zu berücksichtigen ist (Herstellerangaben beachten).
- Zwischen den einzelnen Arbeitsgängen ist so lange zu warten, bis die vorherige Lage beim Auftragen der folgenden Lage nicht mehr beschädigt wird.
- Arbeitsunterbrechungen

  - dürfen nicht an Ecken und Kanten erfolgen, sondern nur in der Fläche und
  - erfordern ein Ausziehen der Schlämme „auf null".
- Auch eine maschinelle Verarbeitung ist möglich, wobei
  - nur eine Lage in der erforderlichen Schichtdicke aufgetragen wird und
  - ebenfalls ständig zu prüfen ist, ob die Schichtdicke stimmt.

Beschichtungen

Silikatputze
- erhärten, indem sie mit dem Untergrund reagieren (verkieseln) und Wasser abgeben,
- dürfen nur oberhalb von +5 °C und bei nicht zu hoher Luftfeuchtigkeit aufgetragen werden, damit diese Reaktion abläuft,
- können im frischen Zustand durch Kondenswasser, Nebel und Regen geschädigt werden (bei der Verarbeitung zu berücksichtigen),
- werden hauptsächlich gebrauchsfertig angeliefert und aufgezogen,
- werden von Hand zügig nass in nass aufgetragen, wodurch Ansätze und Strukturunterschiede vermieden werden.

Baumwollputze
- benötigen einen ebenen, sauberen und rauen Putzgrund, der
  - weiß sein oder den Farbton des Baumwollputzes besitzen sollte,
  - keine färbenden Bestandteile enthalten darf,

  - mit einer Grundierung vorbehandelt werden kann, die ihn rau macht (ratsam),
- werden aufgespachtelt oder aufgespritzt,
- sollten nicht länger als 3 Tage lang feucht bleiben, da sich sonst Stockflecken bilden können (notfalls ist die Trocknung durch Lüften, Heizen oder mithilfe von Kondenstrocknern zu beschleunigen).

Aufspachteln von Baumwollputzen:
- keine Vorarbeiten nötig
- mit flexibler Kunststofftraufel mit einer Blattdicke von 1,5 bis 2 mm
- Arbeiten von den Kanten bzw. Ecken zur Mitte der Wand hin
- Verteilen der Masse in einer gleichmäßigen Schichtdicke

Aufspritzen von Baumwollputzen:
- Abkleben angrenzender Bereiche vor dem Aufspritzen erforderlich, um Verschmutzungen zu vermeiden
- Auftrag in 3 Lagen erforderlich, die zwischen den einzelnen Aufträgen trocknen müssen
- gröbere Struktur als beim Spachtelverfahren (Ausbesserungen meist sichtbar bleibend)

2.2.3.4 Bewehrungen

Putzbewehrungen gemäß DIN V 18550
- sind Einlagen im Putz,
- bestehen z. B. aus Metall, mineralischen Fasern (Textilglas mit alkaliresistenter Umhüllung), Jutefasern oder Kunststofffasern,

- müssen alkaliresistent, reißfest und schiebefest sein,
- dürfen nicht wasserquellbar sein,
- dürfen das Putzsystem nicht schädigen,
- vermindern die Gefahr von Rissbildungen im Putz,
- können konstruktionsbedingte Rissbildungen (z. B. aufgrund von Durchbiegungen von Decken und Unterzügen, Schwind-, Kriech- und Temperaturverformungen tragender Bauteile) nicht verhindern,
- sind auf den Putzgrund, die Putzart sowie die Zusammensetzung des Putzmörtels abzustimmen,
- werden in die zugbelastete Zone des Putzes straff und faltenfrei eingelegt,
- können je nach Aufgabenstellung vollflächig oder teilflächig eingesetzt werden,
- müssen im Allgemeinen möglichst oberflächennah in der oberen Hälfte der Putzlage liegen,
- müssen sich mindestens 100 mm überlappen,
- müssen auf benachbarte Bauteile mindestens 200 mm überlappen,
- sollten auf bestehenden rissgefährdeten oder gerissenen Putzen oder Unterputzen in Renovierputz eingearbeitet werden.

Hinweis

Putzbewehrungen sind keine Putzträger.

Einlage in den Putz:

- in der Praxis im oberen Drittel des Putzes
- einlagig (Bewehrung) zweischichtig (Putz) nass in nass
- ⅔ der Gesamtputzlage auftragen

- grob abziehen
- Bewehrungsgewebe mit Schere oder Messer zurechtschneiden
- Bewehrungsgewebe glatt und ohne Falten eindrücken
- die restliche Putzmenge auftragen

Ecken von **Wandöffnungen** (Türen, Fenstern):

- Um Risse durch Kerbspannungen zu vermeiden, werden zusätzlich Bewehrungsgewebestreifen diagonal eingelegt:
  - in 45° zur Lagerfugenrichtung bzw.
  - parallel zur Diagonalen der Öffnung.
- Das Bewehrungsgewebe wird für diesen Zweck zugeschnitten
  - in einer Größe von ca. 20 cm × 30 cm bei Normalputzen und
  - in einer Größe von ca. 50 cm × 50 cm bei Leichtputzen,
- oder es werden fertig zugeschnittene Formstücke (Eckwinkel) verwendet.
- Das Bewehrungsgewebe wird möglichst dicht an die Ecken herangeführt.

Befestigungen am **Putzgrund** (z. B. durch Annageln)

- können zur Übertragung von Putzgrundverformungen auf die Bewehrung führen,
- sind bei metallischen Putzbewehrungen nur vorzusehen, wenn sie unbedingt notwendig sind (z. B. wenn der Putzgrund allein nicht tragfähig ist und nicht tragfähig hergestellt werden kann),
- sind bei anderen Putzbewehrungen nicht erlaubt.

Die **Auswahl** der Bewehrung

- richtet sich nach dem Einsatzzweck,

- ist bei manchen Systemen vorgegeben (bestimmte Bewehrung Teil des Systems und in der bauaufsichtlichen Zulassung festgeschrieben), z. B. bei
  - Wärmedämmputzen,
  - Wärmedämm-Verbundsystemen,
  - verputzten Wärmeaußendämmungen.

Bewehrungsgewebe **unterscheiden** sich in
- Elastizität,
- Fadenstärke,
- Maschenweite,
- Flächengewicht,
- Rollengröße.

Arten von Bewehrungen:
- Bewehrungsgewebe (Abb. 2.36)
- Panzergewebe (verstärktes Glasfasergewebe für stoßgefährdete Bereiche)
- Bewehrungsvliese (zum Überarbeiten von Rissen in Farbanstrichen und dünnschichtigen Putzen, Abb. 2.37)
- Bewehrungsgewirke (zum Überarbeiten von Rissen in Farbanstrichen und dünnschichtigen Putzen, Abb. 2.38)

2.2.3.5 Standzeiten

- umgangssprachlich auch als Wartezeiten bezeichnet
- gemäß DIN V 18550 notwendige Aushärtungs- und Trockenzeiten
  - zwischen dem Auftragen einzelner Putzlagen
  - zwischen dem Auftragen des Putzes und der Beschichtung

Abb. 2.36: Bewehrungsgewebe

Abb. 2.37: Bewehrungsvlies

Abb. 2.38: Bewehrungsgewirke

Klimabedingungen:

- Die vom Hersteller angegebenen Standzeiten zwischen den einzelnen Arbeitsgängen
  - sind grundsätzlich einzuhalten,
  - gelten nur für „Normalbedingungen“ (Temperatur um 20 °C, relative Luftfeuchtigkeit um 65 %),
  - sind daher bei von den Normalbedingungen abweichenden Klimabedingungen nur bedingt gültig (insbesondere im Winter).
- Nicht verputzt werden darf
  - bei einer Temperatur unter +5 °C,
  - auf gefrorenem Putzgrund,
  - bei zu erwartendem Frost.

Standzeiten zwischen **Vorbehandlung** und **Putzauftrag:**

- bei Putzträgern und Profilen bis der Ansetzmörtel, mit dem sie befestigt sind, erhärtet ist
- bei Spritzbewurf bis dieser sich nicht mehr abreiben lässt
- bei Haftbrücken bis sie getrocknet sind
- bei Aufbrennsperren bis sie „angezogen“ haben (Weiterarbeiten möglich, so lange die Aufbrennsperre noch klebrig ist)
- beim Vornässen bis das Wasser weggesaugt ist und der Putzgrund mattfeucht aussieht (kein Wasserfilm)

Auftragen **mehrerer Lagen**

- des gleichen Putzes: Weiterarbeiten möglich, sobald sich die vorherige Lage durch das Auftragen der nächsten Lage nicht mehr verschieben lässt (meist am nächsten Tag)
- unterschiedlicher Putze: ausreichende Erhärtung der unteren Lage erforderlich, bevor die nächste Lage aufgetragen wird

Merksatz

> **Eine Faustregel besagt, dass die Erhärtungsdauer von hydraulisch gebundenen Putzen einen Tag pro Millimeter Schichtdicke beträgt.**

Putze

- dürfen erst dann voll belastet und mit Farbanstrichen, Imprägnierungen und Beschichtungen überarbeitet werden (siehe Kapitel 3.2.1), wenn
  - die Nachbehandlung abgeschlossen ist,
  - sie ihre Endfestigkeit erreicht haben,
  - sie die anderen für ihren Einsatzzweck erforderlichen Eigenschaften erreicht haben und
- verfügen über eine Trocknungsdauer, die abhängt
  - vom Putzgrund,
  - vom Material,
  - von der Schichtdicke,
  - vom Klima.

Luftkalkputze

- geben beim Abbinden Wasser ab,
- führen daher in unzureichend belüfteten Innenräumen zu einer erhöhten Luftfeuchtigkeit,
- haben bei erhöhter Luftfeuchtigkeit verlängerte Standzeiten bis zum nächsten Arbeitsgang,
- können aufgrund ihrer ähnlichen Zusammensetzung mit Kalkfarben direkt noch in frischem Zustand überarbeitet werden (sollten dann an der Oberfläche bereits die Konsistenz von Leder haben) und zusammen mit ihnen carbonatisieren (Fresco-Technik).

2.2.4 Oberflächenqualität

2.2.4.1 Qualitätsstufen

Oberflächenbeschaffenheit des Putzes:

- Die Beschaffenheit der Oberfläche ist bereits in der Planung zu beschreiben.
- Angaben wie „streiflichtfrei", „tapezierfertig" oder „streichfertig" sind zu ungenau.
- In DIN V 18550 werden Anforderungen an Qualitätsstufen bei Innenputzoberflächen aufgeführt (DIN V 18550, Tabelle in Anhang B, Anforderungen nachfolgend beschrieben).
- Bei der vertraglichen Festlegung muss sich auf diese Tabelle bezogen werden.

Hinweis

Die Qualitätsstufen gelten sinngemäß auch für Gipsplattenarbeiten, die jedoch hier nicht berücksichtigt werden.

DIN V 18550 unterscheidet in

- abgezogene Putzoberflächen (können nicht in der Qualitätsstufe Q 4 hergestellt werden),
- geglättete Putzoberflächen,
- gefilzte Putzoberflächen,
- abgeriebene Putzoberflächen.

Einteilung der **Beschaffenheit** und **Eignung** der Oberfläche in **Qualitätsstufen:**

- **Q 1** (umfasst nur eine abgezogene Putzoberfläche mit geschlossener Putzfläche)
- **Q 2** (Standard; zusätzliche Angabe erforderlich, ob Oberfläche abgezogen, geglättet, gefilzt oder abgerieben ist)

- **Q 3** (zusätzliche Angabe erforderlich, ob Oberfläche abgezogen, geglättet, gefilzt oder abgerieben ist)
- **Q 4** (zusätzliche Angabe erforderlich, ob Oberfläche geglättet, gefilzt oder abgerieben ist)

Anforderungen an die Beschaffenheit und Eignungen von Putzoberflächen

Hinweis

Die Aufstellung der Anforderungen und Eignungen basiert auf Angaben der DIN V 18550 und des Merkblatts Nr. 3 „Putzoberflächen im Innenbereich" (IGB, 2011).

Q 1, abgezogene Putzoberfläche:
- keine Anforderungen an Optik und Ebenheit
- geschlossene Putzfläche (Bestich, Rappputz) ausreichend
- geeignet für Fliesen und andere keramische Wandbeläge
- geeignet für geschlossene Putzoberfläche
- geeignet für rustikalen Scheibenputz oder groben Reibeputz

Q 2, abgezogene Putzoberfläche:
- keine optischen Anforderungen
- Standardanforderungen an die Ebenheit
- geeignet für dekorative Oberputze mit einer Körnung von ≥ 2,0 mm
- geeignet für Wandbeläge aus Keramik (Fliesen), Natur- und Kunststein

Q 2, geglättete Putzoberfläche:
- keine optischen Anforderungen
- Standardanforderungen an die Ebenheit

- geeignet für dekorative Oberputze mit einer Körnung von > 1,0 mm
- geeignet für mittel bis grob strukturierte Wandbekleidungen (z. B. Raufasertapeten mit mittlerer oder grober Körnung)
- geeignet für matte, gefüllte Farbanstriche und Beschichtungen (z. B. Dispersionsanstriche), die mit grober Lammfell- oder Strukturrolle aufgetragen werden

Q 2, gefilzte Putzoberfläche:
- keine optischen Anforderungen
- Standardanforderungen an die Ebenheit
- geeignet für matte, nicht strukturierte Farbanstriche und Beschichtungen

Q 2, abgeriebene Putzoberfläche:
- keine optischen Anforderungen
- Standardanforderungen an die Ebenheit
- geeignet für matte, nicht strukturierte Farbanstriche und Beschichtungen
- geeignet für grob strukturierte Wandbekleidungen (z. B. Raufasertapeten mit grober Körnung)

Q 3, abgezogene Putzoberfläche:
- keine optischen Anforderungen
- erhöhte Anforderungen an die Ebenheit
- geeignet für dekorative Oberputze mit einer Körnung von ≥ 2,0 mm
- geeignet für großformatige Fliesen, Wandbeläge aus Feinkeramik, Glas, Natur- und Kunststein

Q 3, geglättete Putzoberfläche:
- erhöhte Anforderungen an die Putzoberfläche
- Standardanforderungen an die Ebenheit
- geeignet für dekorative Oberputze mit einer Körnung von > 1,0 mm
- geeignet für fein strukturierte Wandbekleidungen
- geeignet für matte, fein strukturierte Farbanstriche und Beschichtungen, die mit kurzhaariger Fellrolle aufgetragen oder mit der Spritzpistole airless gespritzt werden

Q 3, gefilzte Putzoberfläche:
- erhöhte Anforderungen an die Putzoberfläche
- Standardanforderungen an die Ebenheit
- geeignet für matte, nicht strukturierte Farbanstriche und Beschichtungen

Q 3, abgeriebene Putzoberfläche:
- höhere Anforderungen als Q 2
- geeignet für matte, nicht strukturierte, nicht gefüllte Farbanstriche und Beschichtungen

Q 4, geglättete Putzoberfläche (Abb. 2.39):
- höchste Anforderungen an die Putzoberfläche
- erhöhte Anforderungen an die Ebenheit
- geeignet für glatte oder strukturierte Wandbekleidungen mit Glanz (Metall-, Vinyl-, Seidentapeten, Lasuren oder Farbanstriche und Beschichtungen bis zum mittleren Glanz, Spachtel- und Glätttechniken)

Q 4, gefilzte Putzoberfläche:
- höchste Anforderungen an die Putzoberfläche
- erhöhte Anforderungen an die Ebenheit

Abb. 2.39: Wandfläche mit einer geglätteten Putzoberfläche in der Qualitätsstufe Q 4, überzogen mit einem speziellen Glättspachtel

- geeignet für Spachtel- und Glätttechniken, Vinyl- oder Seidentapeten, Lasuren oder Farbanstriche bis zum mittleren Glanz

Q 4, abgeriebene Putzoberfläche:

- höchste Anforderungen an die Putzoberfläche
- erhöhte Anforderungen an die Ebenheit
- geeignet für Lasuren oder Farbanstriche und Beschichtungen bis zum mittleren Glanz

Ausführung (Putze und Verarbeitungsweise)

Qualitätsstufe Q 1 (abgezogen):

- in der Regel Gipsputz oder Zementputz (einlagiger Maschinenputz)
- Oberfläche mit der Richtlatte ebnen
- mit dem Putzbrett grob abreiben

Qualitätsstufe Q 2

- geglättet:
  - einlagig in der Regel Gips-, Gipskalk- oder Kalkgipsputze auf ggf. vorbehandeltem Putzgrund
  - zweilagig in der Regel Unterputz aus Gips-, Gipskalk-Kalkgips- oder Kalkzementputz mit Auftrag einer geeigneten Putzglätte
  - Oberfläche mit der Richtlatte flucht- und lotrecht abziehen
  - mit dem Putzbrett filzen und feucht glätten
- gefilzt:
  - einlagige Filzputze (Gipskalk-, Kalkgips-, Kalkzement-, Zementputze) auftragen
  - Putze abziehen und filzen
- abgerieben:
  - einlagige Putze (Kalk-, Kalkzementputze) auftragen
  - Putze abziehen und abreiben
- als Untergrund für Fliesen, Natursteinbeläge o. Ä. Oberfläche nicht verdichten (filzen oder glätten)

Qualitätsstufe Q 3

- geglättet:
  - in der Regel zweilagiger Gipsputz oder Kalk-, Kalkzement- bzw. Zementputz mit zweiter Putzlage
  - Ausführung gemäß Q 2 mit zusätzlichem vollflächigem Glättgang oder Glättputzauftrag
  - Unterputzprofile oder Putzleisten einarbeiten (besonders zu vergütende Leistung)
  - zweite Lage befeuchten, fein abreiben und verdichten (vor- und nachfilzen)
  - Oberfläche ggf. fein spachteln und glatt schleifen

- gefilzt:
  - Filzputz ausrichten
  - gleichmäßige Oberflächenstruktur durch Vor- und Nachfilzen erzeugen
- abgerieben:
  - Kalk- oder Kalkzementputz auf abgezogenen Unterputz auftragen
  - gleichmäßige Oberflächenstruktur durch Vor- und Nachreiben erzeugen
- als Untergrund für Fliesen, Natursteinbeläge o. Ä. Oberfläche nicht verdichten (filzen oder glätten)

Qualitätsstufe Q 4

- geglättet:
  - Ausführung gemäß Q 3 mit zusätzlichem vollflächigem Spachtel- oder Glättputzauftrag
  - Unterputzprofile oder Putzleisten einarbeiten (besonders zu vergütende Leistung)
  - Fläche bis zu 3 mm dick mit feinporigem Spachtel abziehen
  - Unterputzprofile oder Putzleisten ggf. nach dem Auftragen des Unterputzes entfernen und durch gleiches Putzmaterial ersetzen
  - Oberfläche ggf. vor der Schlussbeschichtung nochmals abziehen, verdichten und glatt schleifen
- gefilzt: nur zu erreichen durch Aufbringen einer zusätzlichen Lage aus Dekor-Filzputz auf einen eben abgezogenen Unterputz der Qualitätsstufe Q 3
- abgerieben:
  - Oberputz auf einen vorhandenen eben abgezogenen oder geglätteten Unterputz der Qualitätsstufe Q 3 in Kornstärke auftragen

- eben verziehen und antrocknen lassen
- zweite Oberputzschicht auftragen, angezogenes Material gleichmäßig abreiben

2.2.4.2 Optische Toleranzen und Maßtoleranzen

Verputzen ist eine **handwerkliche Arbeit**, daher

- sind, je nach vereinbarter Oberflächenqualität, optische und Maßtoleranzen hinzunehmen,
- ist es auch in der höchsten Qualitätsstufe nicht möglich, bei Streiflicht absolut eben und schattenfrei erscheinende Putzflächen herzustellen,
- lassen sich unerwünschte Effekte wie wechselnde Schattierungen der Oberfläche in Qualitätsstufe Q 4 nur weitgehend vermeiden, aber nicht völlig ausschließen (zumal die Beleuchtungsverhältnisse bei der späteren Nutzung zum Zeitpunkt der Verarbeitung oft nicht bekannt sind).

Qualitätsstufe Q 1

bei inhomogenem Untergrund und einlagigen Putzen nicht auszuschließen:

- vereinzelte Schwindrisse
- geringer Fugeneinfall

Qualitätsstufe Q 2

- geglättet:
  - vereinzelte Abzeichnungen (Traufelschläge) nicht ganz auszuschließen
  - Schattenfreiheit bei Streiflicht nicht erreichbar
- gefilzt, abgerieben:
  - leicht unterschiedliche Putzstrukturen trotz Grundierungen und Aufbrennsperren nicht ganz auszuschließen

  - vereinzelte Abzeichnungen (strukturlose Stellen, Bearbeitungsspuren, kleinere Unebenheiten, Kornanhäufungen) nicht auszuschließen
  - Schattenfreiheit bei Streiflicht nicht erreichbar

Qualitätsstufe Q 3

- geglättet:
  - bei Streiflicht sichtbar werdende Abzeichnungen nicht ganz auszuschließen
  - jedoch geringer als bei Q 2
- gefilzt:
  - gleichmäßige und ungestörte Filzstruktur erforderlich
  - Kornanhäufungen oder strukturlose Stellen nur vereinzelt zulässig
  - Schattenbildung bei Streiflicht nicht auszuschließen
- abgerieben:
  - gleichmäßige Abriebstruktur im jeweiligen Strukturbild erforderlich
  - Kornanhäufungen oder strukturlose Stellen nur vereinzelt zulässig
  - Schattenbildung bei Streiflicht nicht auszuschließen

Qualitätsstufe Q 4

- geglättet: Möglichkeit von Abzeichnungen minimiert
- gefilzt, abgerieben:
  - absolut gleichmäßige und ungestörte Struktur erforderlich
  - Kornanhäufungen oder strukturlose Stellen nicht zulässig

Ebenheitstoleranzen:

- in DIN 18202 „Toleranzen im Hochbau – Bauwerke“ (2005) definiert
- Höchstwerte für das Stichmaß in DIN 18202, Tabelle 3, festgelegt
- Bestimmung des Stichmaßes durch Anlegen eines Lineals oder einer Richtlatte und Messung der Abstände zur Putzoberfläche

Tabelle 2.12: Stichmaß für die einzelnen Qualitätsstufen in Abhängigkeit vom Messpunktabstand gemäß DIN 18202, Tabelle 3

Messpunktabstand in m	0,1	1	4	10	15	**Qualitätsstufen**
Stichmaß in mm	3	5	10	20	25	Q 2 (abgezogen) Q 2 (geglättet) Q 2 (gefilzt/abgerieben) Q 3 (geglättet) Q 3 (gefilzt/abgerieben)
Stichmaß in mm	2	3	8	15	20	Q 3 (abgezogen) Q 4 (geglättet) Q 4 (gefilzt/abgerieben)

2.2.5 Deckschichten

2.2.5.1 Edelputze

Oberputze

- werden oft als Edelputze bezeichnet, wenn sie auch dekorative Funktionen erfüllen,
- in Putzsystemen sind in Kapitel 1.4.8 beschrieben,
- müssen immer auf den Unterputz abgestimmt sein.

Definition

> Ein **Oberputz** ist gemäß DIN EN 998-1 „Festlegungen für Mörtel im Mauerwerksbau – Teil 1: Putzmörtel“ (2010), Abschnitt 3.6.6:
> *„… die oberste Lage eines mehrlagigen Putzsystems, die auch eine dekorative Funktion erfüllen kann.“*

Edelputze

- sind nach DIN EN 998-1 farbige Putzmörtel, die ihre Farbe durch Pigmente oder farbige Gesteinskörnungen erhalten,
- dienen
  - zum Schutz des darunter liegenden Putzes,
  - zur Gestaltung der Oberfläche,
  - zum Angleichen an eine vorhandene Putzstruktur,
- müssen zum System gehören (oder ihm angepasst sein),
- dürfen die Eigenschaften des Systems nicht beeinträchtigen,
- müssen im Außenbereich wasserabweisend sein (oder nach dem Trocknen hydrophobiert werden),
- dürfen im Innenbereich nicht wasserabweisend sein (Gefahr der Kondenswasser- und Schimmelpilzbildung),
- können dünnschichtig oder dickschichtig sein.

Dünnschichtige Edelputze

- erfordern einen besonders ebenen Putzgrund,
- werden in Korndicke aufgetragen,
- werden anschließend strukturiert/gerieben,
- werden bezeichnet als
  - Münchner Rauputz/Rillenputz/Wurmputz,
  - Reibeputz,
  - Scheibenputz,

  - Spritzputz,
  - Strukturputz.

Dickschichtige Edelputze
- werden dicker als in Korndicke aufgetragen,
- werden anschließend strukturiert/gekratzt,
- werden bezeichnet als
  - Feinputz,
  - Kellenputz/Kellenwurfputz,
  - Kratzputz.

Festigkeitsgefälle:
- Einhalten auch beim Einsatz von Edelputzen erforderlich
- Druckfestigkeit der Edelputze nicht wesentlich größer als die des darunter liegenden Putzes (Putzregel „weich auf hart“)

Egalisationsanstrich:
- Farbige mineralische Edelputze neigen im Außenbereich zur Fleckenbildung.
- Daher sollte ein einmaliger Anstrich mit einer auf das System abgestimmten Egalisationsfarbe eingeplant werden.
- Gleiches gilt auch für Silikatputze als Deckschicht für Edelputze.
- Der Egalisationsanstrich ist eine eigene Leistung im Leistungsverzeichnis.

Werkzeuge für die Verarbeitung von Edelputzen:
- Aufziehbrett oder Traufel zum Aufziehen
- Reibebrett aus Kunststoff oder Holz für dünnschichtige und dickschichtige Edelputze

- Moosgummischeibe/Schwammbrett für dünnschichtige, gescheibte Edelputze
- Strukturrolle oder Erbslochwalze für Rustikalputze und Feinputze
- Zahnspachtel, Malerspachtel oder Pinsel für freie Strukturen
- Nagelbrett/Kratzigel für Kratzputze

Als gebrauchsfertige **Deckschichten** werden angeboten (zu diesen Deckschichten siehe Kapitel 1.5.3):
- Rollputze/Streichputze/Dekorputze,
- Silikatputze,
- Siliconharzputze,
- Kunstharzputze.

2.2.5.2 Farbanstriche

optisches **Erscheinungsbild** der Putzfläche:
- Das Erscheinungsbild wird entscheidend beeinflusst von Putzstruktur und Farbanstrich.
- Ein Putz ohne Farbanstrich zeigt scharfkantige Strukturen und Schattierungen.
- Mit jeder Farbschicht werden diese weicher und undeutlicher (siehe Abb. 2.40).
- Die Putzstruktur bestimmt die Farbintensität.
- Bei gleichem Anstrichmittel wirken glatte Flächen heller als raue (siehe Abb. 2.41).

Aufbau eines Farbanstrichs:
- Grundierung
- Voranstrich
- Deckanstrich

Abb. 2.40: Die zunächst scharfkantigen Strukturen des Strukturputzes werden durch die Farbanstriche immer weicher und undeutlicher.

Abb. 2.41: Fassade eines Museums (Villa Merkel in Esslingen), die überall mit einer Siliconharzemulsionsfarbe in demselben Farbton gestrichen wurde, aufgrund der unterschiedlichen Rauigkeit des Putzes jedoch heller (feinkörniger Putz) und dunkler (grob strukturierter Putz) erscheinende Flächen aufweist

Anstrichgrund:

- Tragfähigkeit ist Voraussetzung für eine gute Haftung und lange Haltbarkeit des Farbanstrichs.
- Der Anstrichgrund muss auch im angenässten Zustand fest sein.
- Welche Putze sich für welche Farbanstriche eignen, zeigt Tabelle 1.19 (siehe Kapitel 1.5.4).

Grundierung:

- Zur Vorbehandlung des Untergrundes werden auf das System abgestimmte Mittel eingesetzt (z. B. Tiefengrund, Primer).
- Nicht jede Grundierung verträgt sich mit dem Anstrichgrund und dem Anstrichmittel:
  - Grundierungen auf der Basis von Schellack dürfen nicht auf alkalische Untergründe aufgetragen werden oder mit alkalischen Anstrichmitteln überstrichen werden.
  - Lösemittelhaltige Grundierungen dürfen nicht auf Wärmedämmputzen oder Leichtputzen mit Polystyrol als Leichtzuschlag eingesetzt werden (auch bei einer Zwischenschicht kann das Lösemittel hindurchdringen und das Polystyrol auflösen).
- Grundierungen festigen und/oder hydrophobieren den Untergrund, was unbedingt erforderlich ist bei Untergründen, die
  - sanden oder
  - durchschlagende und verfärbende Bestandteile enthalten.

Farbanstriche sollten folgende **Eigenschaften** aufweisen (zu den einzelnen Anstrichmitteln siehe Kapitel 1.5.4):

- Wasseraufnahme möglichst kleiner als die des Untergrundes (höchstens gleich groß)
- Wasserdampfdurchlässigkeit möglichst größer als die des Untergrundes (mindestens gleich groß)
- für CO_2 durchlässig beim Überstreichen von Luftkalkputzen
- für CO_2 dicht beim Überstreichen von Stahlbeton

Schutzmaßnahmen:

- Viele Farbanstriche sind alkalisch, daher müssen vor der Verarbeitung empfindliche Oberflächen und Baustoffe sorgfältig abgedeckt oder abgeklebt werden, z. B.
  - Glas,
  - Fliesen,
  - Klinker,
  - Keramik,
  - Metall.
- Beim Auftragen mit einer Spritzpistole darf der Spritznebel nicht eingeatmet werden (Atemmaske tragen!).

Hinweis

Verätzungen durch alkalische Farbanstriche lassen sich hier nicht mehr entfernen.

Lediglich schwache Flecken können durch eine Polierpaste überspielt werden.

Ausführung:

- Vor der Verarbeitung muss das Anstrichmittel gründlich aufgerührt und ggf. verdünnt werden.
- Wird der Farbanstrich zu früh oder in zu großer Schichtdicke aufgetragen, kann dies den Abbindeverlauf des Putzes behindern.
- Die Gesamtschichtdicke beträgt etwa 0,2 mm.
- Die Arbeit sollte nicht in der Fläche, sondern nur an Ecken und Kanten unterbrochen werden.
- Pinsel und Rollen können bis zum Fortsetzen der Arbeit in Folie eingepackt werden, damit die Farbe nicht austrocknet.
- Nach Abschluss der Arbeiten werden die Werkzeuge sofort mit Wasser gereinigt.
- Nach dem Antrocknen ist meist nur noch ein Reinigen mit Nitrolösung möglich.
- Die Trockenzeit des Farbanstrichs hängt vom Klima ab (in Innenräumen bei „Normalklima" beträgt sie etwa einen Tag).

In **Innenräumen** erfolgt der Farbanstrich folgendermaßen:

- zuerst auf Decken, dann auf Wänden,
- zuerst in Ecken und Rändern (auch an Fenstern und Türen), dann auf Flächen,
- zuerst in Längsrichtung, dann in Querrichtung, dann nochmals in Längsrichtung,
- mit dem Lichteinfall (vom Fenster weg),
- nass in nass.

Werkzeuge für Farbanstriche:

- Pinsel (rund, flach, gefächert) für kleinere Flächen

- Rolle (überzogen mit Lammfell, Velours, Polyester, Schaumstoff) für gleichmäßigen Farbauftrag auf großen Flächen
- Spritzpistole (drucklos, mit Druckluft, ohne Druckluft = airless) für gleichmäßigen Farbauftrag in dünner Schicht auf glatten Flächen

weitere **Arbeitsmittel:**
- Eimer
- Abtropfsieb, Abstreichgitter
- Leiter oder Gerüst

Kalkfarben

Grundierungen oder **Voranstriche**
- sind bei ungleichmäßigem Saugverhalten des Untergrundes erforderlich (sonst kommt es zur Fleckenbildung in der Kalkfarbe),
- gehören in der Regel zum System oder es wird empfohlen, mit verdünnter Kalkfarbe vorzustreichen,
- verhindern auch, dass Stoffe (z. B. Gips, Nikotin oder Leimrückstände) aus dem Untergrund durchschlagen.

Auftrag:
- vor dem Auftrag gründliches Aufrühren erforderlich
- mit einer Bürste oder Rolle gleichmäßig satt, nass in nass kreuzweise auftragen
- auch Aufspritzen möglich
- eingefärbte Kalkfarben nicht mit der Rolle, sondern immer mit der Bürste auftragen
- mehrere Farbschichten erforderlich, da Kalkfarben relativ dünn eingestellt sind (schlecht deckend)

- Deckkraft erst abschätzbar, wenn die Kalkfarbe vollständig getrocknet ist
- Farbanstrich nicht erwärmen, um Trocknung zu beschleunigen (führt zu unzureichendem Abbinden)

Silikatfarben und Dispersionssilikatfarben

Putz für Silikatfarben

- muss verkieselungsfähig sein, damit sich die Farben mit dem Putz verbinden können (reagieren am besten zwischen +5 und +20 °C bei nicht zu hoher Luftfeuchtigkeit), daher sind
  - zement- und kalkhaltige Putze geeignet,
  - gips- und lehmhaltige Putze nicht geeignet,
- muss eine sorgfältig aufgeraute Oberfläche haben, damit die Farbe gut eindringen kann (wird heute nicht mehr angeätzt oder fluatiert),
- muss eine Mindestdruckfestigkeit von 2 N/mm^2 haben, da Silikatfarben relativ hart werden.

Anmischen und **Auftrag:**

- Zweikomponentige Silikatfarben werden auf der Baustelle aus dem Pigmentpulver und dem Fixativ (Kaliwasserglas) gemischt.
- Das Pigmentpulver wird zunächst etwa einen Tag lang in Wasser eingesumpft.
- Danach wird das Fixativ untergerührt.
- Dieses Gemisch muss innerhalb kurzer Zeit (etwa innerhalb eines Tages) verarbeitet werden.

- Ist der Untergrund stark saugfähig, wird der erste Anstrich durchgeführt mit
  - wasserverdünntem Fixativ oder
  - Silikatfarbe mit einem höheren Fixativanteil.
- Silikatfarben können aufgetragen werden mit
  - einer Streichbürste,
  - einer kurzflorigen Walze,
  - einer Spritzpistole (airless, nebelarm).
- Der Auftrag kann deckend oder lasierend erfolgen.
- Stark durch Regen belastete Bereiche können nachträglich hydrophobiert werden.
- Schattierungen, die beim Auftrocknen erscheinen, sind typisch für diese Farben und nicht vermeidbar.

Dispersionssilikatfarben (einkomponentige Silikatfarben)

- enthalten Kunststoffdispersion,
- sind dadurch einfacher zu verarbeiten als Silikatfarben,
- haben durch die Dispersion eine verminderte Wasserdampfdurchlässigkeit,
- werden nicht mit Wasser, sondern mit Silikatlösung verdünnt,
- werden mit maximal 3 % Silikat-Volltonfarbe abgetönt.

2.2.5.3 Imprägnierungen

Hydrophobierungsmittel

Einsatzbereich:

- nur im Außenbereich sinnvoll
- im Innenbereich Gefahr, dass Kondenswasser an der Oberfläche stehen bleibt und die Schimmelpilzbildung begünstigt

Untergrund und **Klima:**

- ggf. Untergrund sand- oder dampfstrahlen
- Risse über 0,3 mm Breite schließen (Überbrückung von Haarrissen durch die Hydrophobierung)
- lufttrockene zu behandelnde Oberfläche erforderlich
- Temperatur der Luft und des Untergrundes über + 5 °C notwendig
- kein Frost innerhalb von 24 Stunden

Auftrag:

- Ziel ist es, dass das Hydrophobierungsmittel möglichst tief in den Baustoff eindringt.
- Die Eindringtiefe ist abhängig von
  - der Art und Konzentration des Hydrophobierungsmittels und
  - der Auftragsweise.
- Flüssige Hydrophobierungsmittel können mit Pinsel, Bürste oder Rolle aufgetragen werden.
- Am günstigsten ist auf senkrechten Flächen ein Fluten (sattes Aufspritzen) mit niedrigem Druck (Spritzpistole airless, notfalls auch Baumspritze ohne Düse).
- Das Hydrophobierungsmittel wird so im Überschuss aufgespritzt, dass es etwa 0,5 m an der Fläche herabläuft.
- Das Spritzgerät wird langsam zur Seite bewegt und somit nach und nach die ganze Fläche imprägniert.
- Je nach Saugfähigkeit des Untergrundes wird zügig zwei- bis viermal satt nass in nass aufgetragen.
- Die Arbeit darf nicht unterbrochen werden, da sonst Fehlstellen entstehen können (große Fläche in mehreren kleinen Schritten bearbeiten).

Silicon-Mikroemulsion:

- wasserlösliches Konzentrat aus Silanen und Siloxanen (Gefahrstoff, Kennzeichnung „reizend“)
- beim Verdünnen mit Wasser sofortiger Eintritt der Reaktion zu Siliconharz
- daher keine Vorratslösungen herstellbar
- Verdünnen mit Wasser auf der Baustelle und sofortige Verarbeitung erforderlich
- Mischfehler möglich
- Haftungsfrage problematisch, da Produktion des Hydrophobierungsmittels quasi auf der Baustelle

Auftrag cremeartiger Hydrophobierungsmittel:

- mit
  - Pinsel
  - Bürste
  - Lammfellrolle
  - Traufel
  - Spritzpistole (airless)
- je nach Saugfähigkeit des Untergrundes ein- bis zweimal

Anti-Graffiti-Systeme und Versiegelungen

Anti-Graffiti-Systeme:

- Die Verarbeitung hängt von ihrer Art und Zusammensetzung ab.
- Der Auftrag erfolgt auf den gereinigten und trockenen Putz.
- Die Temperatur der Luft und des Untergrundes muss über +5 °C liegen.
- Frost darf nicht innerhalb von 24 Stunden eintreten.

- Zum Auftragen der einzelnen Schichten sind die Angaben des Herstellers zu befolgen.
- Einschichtige Systeme werden in der Regel mehrmals nass in nass satt aufgespritzt (geflutet) oder aufgestrichen.
- Die wasser- und/oder ölabweisende Wirkung entfaltet sich meist innerhalb einer Woche.

Versiegelungen

- schützen die Putzoberfläche vor
  - mechanischen Angriffen (Abrieb, Verkehrsbelastung) und
  - chemischen Angriffen (verursacht durch angreifende Flüssigkeiten und Gase, Abwässer, Öl, Treibstoffe),
- machen die Oberfläche hart und undurchlässig,
- sind Kunstharze (zweikomponentige Epoxid- und Polyurethanharze) oder carbonatisierungsbremsende Anstriche zum Betonschutz,
- haben eine Schichtdicke zwischen 0,02 und 0,1 mm,
- müssen rissfrei bleiben, um funktionsfähig zu sein,
- müssen auf begeh- und befahrbaren Flächen rutschfest sein.

3 Schadensursachen und Schadensbeseitigung

Beurteilung von Putzschäden:

- Die technischen Daten von Putzen können bei der Schadensbeurteilung nur bedingt weiterhelfen, da
  - die Daten im Rahmen der Eignungsprüfung ermittelt werden und im Wesentlichen der werkseigenen Produktionskontrolle dienen,
  - Putze am Bauwerk ihre Eigenschaften ändern.
- Zur Beurteilung von Schäden müssen oft Proben entnommen und im Labor geprüft werden (siehe auch Kapitel 2.1.2).
- Es ist ratsam, immer auch Proben im benachbarten, ungeschädigten Bereich zu entnehmen und mit den Proben aus dem geschädigten Bereich zu vergleichen.
- Für **Sanierputze** liegen Angaben vor (WTA-Merkblatt 2-9-04/D [WTA, 2005]), die sich auf die Festmörtelkennwerte von am Bauwerk entnommenen Putzproben beziehen.
- Die meisten dieser Daten sind nur als Richtwerte zu betrachten.
  - Die Wassereindringung ist bei Sanierputzen auf 5 mm begrenzt.
  - Nach längerer Zeit auf salzbelastetem Mauerwerk liegt sie jedoch oft höher, ohne dass der Sanierputz seine Funktionsfähigkeit verliert.

- Die Druckfestigkeit kann nach einiger Zeit je nach Erhärtungsbedingungen höher als 5 N/mm^2 sein.
- Auch dies ist nicht automatisch ein Fehler.
- Entscheidend ist eine auf den Untergrund abgestimmte Festigkeit.

3.1 Schadensursachen

Treten Putzschäden auf, so stellen sich folgende Fragen:

- War der Putz für diesen Einsatzzweck geeignet?
- Sind schädliche Einflüsse aus dem Putzgrund nicht berücksichtigt worden?
- War der Putz fehlerhaft?
- Wurde der Putz fehlerhaft verarbeitet?
- Traten nach Abschluss der Arbeiten schadensverursachende Ereignisse ein?

Ursachen für Schäden

- können sowohl in der Planung als auch in der Ausführung liegen,
- liegen bei Werkputzmörteln eher selten in Materialfehlern.

3.1.1 Schäden durch fehlerhafte Planung

Planungsfehler:

- Voruntersuchungen nicht durchgeführt
- Sanierungsvorschlag nicht erstellt
- Sanierungsvorschlag nicht beachtet
- Anwendungsgrenzen nicht bedacht (Abb. 3.1 bis 3.3)

Abb. 3.1: Schäden an dem Sockel der Stadtkirche Ludwigsburg durch falsch ausgeschriebenen Putz (nicht geeigneten Leichtputz) und nicht richtig geplanten Gehweganschluss

Abb. 3.2: Ausblühungen im unteren Gebäudebereich aufgrund der Auswahl eines ungeeigneten Putzes (Schloss Lustheim bei München)

Abb. 3.3: Oberflächliche Verschmutzungen durch Nichtbeachten der Randbedingungen (unterschiedliche Beschaffenheit/Rauigkeit des Oberputzes)

Anwendungsgrenzen

- sind bei Nichtbeachten häufige Ursache für Putzschäden,
- betreffen nicht nur den Putz selbst, sondern auch dessen Einsatzort und die Nutzung des Gebäudes,
- sind bereits bei der Planung zu berücksichtigen,
- sollten dem Planer bekannt sein und auch aus den Produktbeschreibungen des Herstellers hervorgehen.

Anwendungsgrenzen bei **Sanierputzen:**

- aufgeführt im WTA-Merkblatt 2-9-04/D (WTA, 2005)
- 2 besonders wichtige Punkte:
  - keine Beständigkeit der Putze gegen Druck- und Stauwasser (im erdberührten Bereich daher nicht einsetzbar)
  - Ausbildung der Hydrophobierung erforderlich (nur bei vollständiger Austrocknung möglich, siehe Kapitel 3.2.1)

Tabelle 3.1: Anwendungsgrenzen von Sanierputzsystemen und geeignete Maßnahmen gemäß WTA-Merkblatt 2-9-04/D (WTA, 2005)

Anwendungsgrenze	Maßnahme
Druck- oder Stauwasser im erdberührten Bereich	Vertikalabdichtung
aufsteigende Feuchtigkeit	Horizontalabdichtung
hohe Luftfeuchtigkeit in Kellerräumen	Regulierung der Luftfeuchtigkeit
Taupunkt im Putzquerschnitt	Verhinderung des Tauwasserausfalls durch Trocknungsmaßnahmen

Anwendungsgrenzen bei **Luftkalkputzen:**

- nicht in Bereichen einsetzbar, die durch Feuchtigkeit belastet werden (Luftkalkputze sind wasseraufnehmend, hier stattdessen hydraulische oder hochhydraulische Kalkputze erforderlich, ggf. mit hydrophobierenden Zusätzen)
- relative Luftfeuchtigkeit von 50 bis 70 % zum Erhärten erforderlich (siehe Kapitel 3.2.1)

Anwendungsgrenzen bei **Gipsputzen:**

- nur im Innenbereich und nur in Räumen einsetzbar, die nicht dauernder Feuchtigkeit ausgesetzt sind (Gips ist nicht wasserbeständig)
- trocken bleibender Putzgrund erforderlich, da sich der Gipsputz sonst anlöst, mürbe wird, ausblüht und abbröckelt

Anwendungsgrenzen bei **Lehmputzen:**

- nur im Innenbereich einsetzbar, wo Feuchtigkeitsbelastung durch Spritzwasser oder Kondenswasser auszuschließen ist, da
  - Lehmputze allein durch Abgabe des Anmachwassers erhärten
  - Lehmputze bei erneutem Kontakt mit Wasser zerfallen
- Festigkeitsgefälle besonders zu beachten (Lehmputze relativ weich)

3.1.2 Schäden durch Einflüsse aus dem Putzgrund

Einflüsse aus dem Putzgrund, die zu Schäden führen, sind z. B.:

- Der Putzgrund ist nicht ausreichend tragfähig (Abb. 3.4).
- Aus dem Putzgrund wirkt rückseitig Wasser auf den Putz ein (Abb. 3.5).

Tabelle 3.2: Putzschäden und ihre möglichen Ursachen durch Einflüsse aus dem Putzgrund

Schaden	mögliche Ursache
Verfärbungen	Putzgrund ungleichmäßig saugend
Absanden	Putzgrund zu stark saugend
Risse	• Putzgrund zu stark saugend • Putzgrund ungleichmäßig saugend • Putzgrund zu glatt • Fugenausbildung ungünstig • Bewegungen (Schwinden/Quellen) • Festigkeit des Putzgrunds unterschiedlich (Mischmauerwerk) • Putzträger falsch • Putzträger fehlend • Bewegungsfugen fehlend • Anschlüsse zwischen einzelnen Bauteilen falsch ausgeführt
Hohlstellen	• Putzgrund zu glatt • Putzgrund verschmutzt • trennende Schichten • Putzgrund zu nass • Putzgrund gefroren • Putzgrund zu stark saugend
Zerstörungen	• rückseitig einwirkendes Wasser • gelöste Salze aus dem Putzgrund

Abb. 3.4: Putzabplatzungen auf einer Bitumenabdichtung: Die bituminöse Abdichtung führt über die Geländeoberfläche hinaus. Der Putz im Sockelbereich kann darauf trotz mehrfacher Reparaturversuche nicht halten.

Abb. 3.5: Putz- und Farbanstrichschäden in einer Kirche in La Croix-Valmer, Frankreich, durch rückseitig einwirkendes Wasser, hervorgerufen durch eine fehlerhafte Dachabdichtung

3.1.3 Schäden durch fehlerhaftes Material

Werkputzmörtel:

- Fehlerhaftes Material ist bei Werkputzmörteln nicht ausgeschlossen, in der Praxis jedoch selten.
- Hersteller müssen für Putze, die einem Regelwerk unterliegen, eine werkseigene Produktionskontrolle durchführen (siehe Kapitel 3.2.1).
- Auch für nicht geregelte Putze werden laufend Prüfungen durchgeführt.

Tabelle 3.3: Putzschäden und ihre möglichen Ursachen durch das verwendete Material

Schaden	mögliche Ursache
Verfärbungen	• Mörtelzusammensetzung schwankt • färbende Bestandteile im Material ungleichmäßig verteilt • ausblühfähige Bestandteile im Material enthalten • Auslaugungen des Materials
Absanden	• Feinstanteil im Material zu hoch • Bindemittelanteil im Material zu gering • Witterungsbeständigkeit des Materials zu gering
Risse	• Bindemittelanteil im Material zu hoch • Zuschlag (Gesteinskörnung) im Material zu fein • Zuschlag (Gesteinskörnung) mit ungünstiger Sieblinie im Material
Hohlstellen	• Kornaufbau des Materials ungünstig • wasserabweisende Wirkung des Materials zu stark
Zerstörungen	• treibfähige Bestandteile im Material enthalten („Kalkmännchen" u. Ä.) • ausblühfähige Bestandteile im Material enthalten

3.1.4 Schäden durch unsachgemäße Verarbeitung

Schäden können entstehen, wenn folgende **Verarbeitungsfehler** begangen werden:

- Putzgrund unzureichend vorbereitet (siehe Kapitel 2.2.1.1),
- Putzgrund unzureichend vorbehandelt (siehe Kapitel 2.2.1.2),
- ungeeignete oder nicht aufeinander abgestimmte Putze verwendet (siehe Kapitel 2.2.2.2),

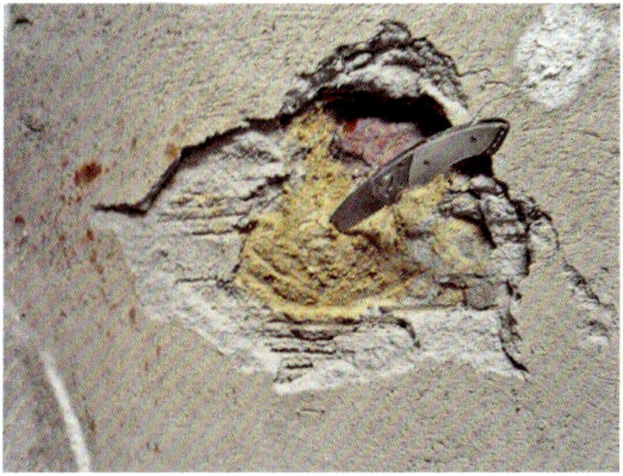

Abb. 3.6: Putzschaden durch harten Oberputz auf weichem Unterputz

- Festigkeitsgefälle nicht eingehalten (Putzregel „weich auf hart“; siehe Abb. 3.6),
- bei ungünstigen Klimaverhältnissen verarbeitet (siehe Kapitel 2.2.3),
- erforderliche Schichtdicken nicht eingehalten (siehe Kapitel 2.2.3),
- Standzeiten zwischen einzelnen Lagen nicht eingehalten (siehe Kapitel 2.2.3),
- Schaden nicht vollständig saniert,
- Nachbehandlung nicht oder nur unzureichend durchgeführt (siehe Kapitel 3.2.1),
- ungeeignete Anstrichmittel, Beschichtungen oder Beläge aufgebracht (siehe Kapitel 1.5).

bei Gipsputzen:

- Gipsputze dürfen nur auf trockenen Putzgrund aufgetragen werden.
- Vor dem Putzauftrag muss lange genug gewartet werden, bis der Putzgrund trocken ist.

- Insbesondere können in
  - Ziegel,
  - Porenbeton,
  - Bimsbeton,
  - Normalbeton sehr viel Wasser enthalten sein.
- Es besteht die Gefahr der Reaktion des Gipses beim Aufbringen auf noch feuchten Beton mit den Zementanteilen des Betons (Sulfattreiben).
- Aus dem Putzgrund in den Gipsputz eindringendes Wasser enthält immer gelöste Bestandteile, die
  - sich an der Grenzfläche abscheiden,
  - den Putz ablösen oder
  - den Putz in der Kontaktzone anlösen.
- Dadurch wird die Haftfestigkeit von Anfang an gestört.
- Zu Schäden kommt es aber oft erst nach Monaten oder Jahren, wenn durch äußere Einflüsse Spannungen auftreten.

Frost:

- Luftkalkputze müssen spätestens 3 Monate vor dem Einsetzen von Frost aufgetragen sein, damit sie genügend Zeit zum Carbonatisieren haben.
- Der optimale Zeitraum für den Auftrag von Luftkalkputzen liegt daher zwischen April und September.
- Lehmputze müssen frostfrei bleiben, bis das Anmachwasser abgegeben worden ist.
- Die Abgabe des Anmachwassers von Lehmputzen kann mehrere Wochen dauern.
- Putze, mit denen auch unter +5 °C oder gar bei Frost gearbeitet werden kann,
  - erreichen meist eine geringere Festigkeit und
  - haben meist eine geringere Haltbarkeit.

Tabelle 3.4: Putzschäden und ihre möglichen Ursachen durch die Verarbeitung

Schaden	mögliche Ursache
Verfärbungen	• Oberflächen unterschiedlich bearbeitet • Mörtel unzureichend durchmischt • Nachbesserungen nicht angeglichen
Untergrund scheint durch	• Auftrag in zu dünner Schicht • keine pigmentierte Grundierung zwischen Unterputz und Rillenputz
Absanden	• Austrocknung zu rasch • Oberfläche „totgerieben"
Risse	• Putzgrundvorbehandlung bzw. -vorbereitung fehlt (z. B. kein Spritzbewurf) • Putzträger nicht richtig befestigt • Festigkeitsgefälle ungünstig • Schichtdicke zu gering • Schichtdicke zu groß (führt bei schweren Mörteln zu Sackrissen) • Schichtdicke stark unterschiedlich • Oberfläche „totgerieben" • Sinterhaut erzeugt • Standzeiten zwischen einzelnen Arbeitsgängen zu kurz • Austrocknung zu rasch
Hohlstellen	• Putzgrundvorbehandlung bzw. -vorbereitung fehlt (z. B. kein Spritzbewurf) • Festigkeitsgefälle ungünstig • einzelne Putzlagen zu dick (schwer) aufgetragen • Standzeiten zwischen einzelnen Arbeitsgängen zu kurz • Oberflächenbearbeitung zu intensiv • keine Nachbehandlung durchgeführt
Zerstörungen	Anmachwasser unsauber

3.1.5 Schäden durch äußere Einflüsse

Äußere Einflüsse, die zu Putzschäden führen können, sind z. B.:

- Witterung und Verwitterung,
- Mikroorganismen,
- Nutzungsänderungen,
- Verkehr.

Tabelle 3.5: Putzschäden und ihre möglichen Ursachen durch äußere Einflüsse

Schaden	mögliche Ursache
Verfärbungen	• Witterung (Luftfeuchtigkeit, Nebel) • Aufwachsen von Mikroorganismen
Absanden	• Verwitterung • Frost
Risse	• Baugrundbewegungen • Erschütterungen (Verkehr) • Temperatur • Feuchtigkeit
Hohlstellen	• Wasserentzug durch Wärme/Sonnenbestrahlung • Wasserentzug durch Wind
Zerstörungen	• Frost • saurer Regen

Die **Verwitterung** von Putzen (Verwitterungsarten siehe Kapitel 2.1.2.4)

- ist vergleichbar mit der von Natursteinen,
- wird ausgelöst durch
  - Wasseraufnahme,
  - Schadstoffaufnahme (Aufnahme in Wasser gelöster Salze oder saurer Gase),
  - Ansiedlung von Mikroorganismen,
- zeigt sich in Form von
  - Absandungen,
  - Abschieferungen,
  - Gefügezerstörungen,
  - Schalenbildungen,
  - Bröckelzerfall.

Wasseraufnahme:

- Zu Putzschäden kommt es, wenn eine Abdichtung gegen Feuchtigkeit oder ein anderer Feuchtigkeitsschutz nicht vorhanden ist oder nicht mehr funktioniert.
- Im erdberührten Bereich
  - können aggressive Wässer und Böden vorhanden sein,
  - können sauer reagierende Böden und Wässer sowie Sulfat oder Ammoniak Baustoffe wie Kalk und Zement anlösen oder zerstören,
  - müssen zum Abdichten bzw. Verputzen Materialien eingesetzt werden, die gegen diese Angriffe beständig sind (z. B. Mörtel mit sulfatbeständigem Zement, Kunststoffe).

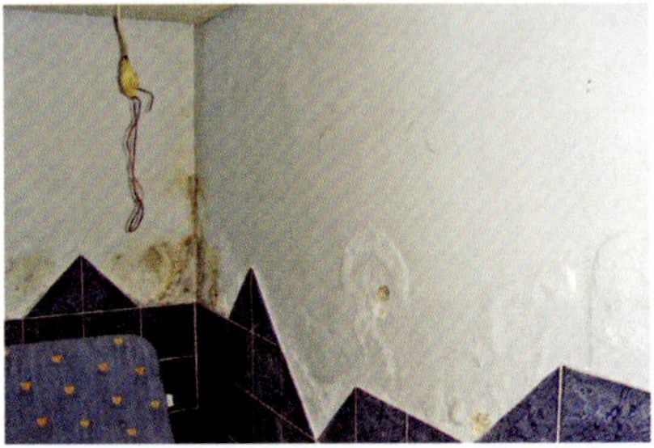

Abb. 3.7: Ausblühungen und Putzschäden durch Salze im Innenbereich

Abb. 3.8: Ausblühungen und Putzschäden durch Salze im Außenbereich

Aufnahme gelöster Salze – Schadenmechanismus:

- Baustoffschädigende Salze wandern mit Wasser durch Mauerwerk und Putz.
- Gelangt die salzhaltige Lösung an die Oberfläche, so verdampft das Wasser.
- Die zuvor gelösten Salze kristallisieren und zerstören dabei Mauerwerk, Putz und Farbanstrich (Abb. 3.7 und 3.8).

Abb. 3.9: Algen und Verschmutzungen auf einer verputzten Außenwärmedämmung (Gesamteindruck): Deutlich zeichnen sich die Dübelteller ab.

Abb. 3.10: Algen und Verschmutzungen auf einer verputzten Außenwärmedämmung (Detail): Deutlich zeichnen sich die Dübelteller ab.

Schäden durch **Mikroorganismen:**

- Durch Mikroorganismen verursachte Schäden können lediglich „Schönheitsfehler" sein (Verfärbungen).
  - Diese werden manchmal als „Patina" angesehen.
  - Meist werden sie jedoch als störend empfunden, insbesondere bei Wärmedämm-Verbundsystemen, auf denen sich die Dübelteller abzeichnen (Abb. 3.9 und 3.10).
- Mikroorganismen können aber auch den Putz angreifen, indem sie den Putz
  - durch ihren Bewuchs lockern und
  - durch ihre Stoffwechselprodukte anlösen.

Ansiedlung von Mikroorganismen:

- Sporen von Algen und Pilzen sind überall vorhanden und können durch den Wind auch auf Baustoffe getragen werden.

Abb. 3.11: Schimmelpilzbefall an einer Wärmebrücke im Innenbereich

Abb. 3.12: Schimmelpilzbefall im Außenbereich über einem gekippten Fenster

- Finden sie gute Lebensbedingungen, siedeln sie sich sowohl im Außen- als auch im Innenbereich an.
- Algen sind Pflanzen, die zum Leben Wasser und Licht brauchen.
- Pilze ernähren sich durch den Abbau organischer Substanzen und brauchen zum Leben hohe Luftfeuchtigkeit.
- Bestimmte Algen und Pilze existieren in einer Lebensgemeinschaft (Symbiose) und bilden Flechten.
- Flechten sind in der Lage, saure Stoffwechselprodukte abzuscheiden, die dann den Putz anlösen.

Schimmelpilze

- treten hauptsächlich im Innenbereich auf (Abb. 3.11),
- sind im Außenbereich oft über gekippten Fenstern zu sehen, wo feuchtwarme Raumluft kondensiert (Abb. 3.12).

Nutzungsänderungen:

- Beim Einbau neuer Wärmedämmungen, Fenster oder Heizungen ändert sich das wärme- und feuchtetechnische Verhalten der Wände grundlegend.
- Dies ist zu berücksichtigen, sollen Probleme durch Kondenswasser und Schimmelpilz vermieden werden.
- Eine Änderung der Anordnung der Inneneinrichtung an bzw. vor den verputzten Flächen kann ebenfalls zu Feuchte- und Schimmelpilzschäden führen.
  - Einrichtungsgegenstände dürfen nicht direkt an die Wände gestellt werden.
  - Sie müssen einige Zentimeter weit abgerückt sein, damit eine Luftzirkulation stattfinden kann.
- Auf jeden Fall muss in den Wohnräumen ein ausreichender Luftaustausch erhalten bleiben, ggf. durch das Wohnraumklima regulierende Be- und Entlüftungen.
- Werden Putzflächen nachträglich mit ungeeigneten Farbanstrichen, Beschichtungen oder Belägen versehen, kann es zu Schäden am Putz kommen (siehe auch Kapitel 3.2.2).

3.2 Schäden vermeiden und beseitigen

Vermeiden von Schäden durch die **Verarbeitung:**

- Zur Verhinderung solcher Schäden können Musterflächen angelegt werden, die
  - Besonderheiten der Verarbeitbarkeit und das Zusammenwirken der einzelnen Systemkomponenten beurteilbar machen,

  - Informationen über Art und Umfang der Vor- und Nachbehandlung sowie eventuell zusätzlich erforderliche Maßnahmen liefern,
  - schon allein durch Augenschein Fehler erkennbar und vermeidbar machen.
- Durch sorgfältiges Abstimmen der Arbeitsweise auf die Putzeigenschaften können die meisten Verarbeitungsfehler verhindert werden.
- Rückstellproben der verwendeten Materialien bieten eine zusätzliche Sicherheit, da sie im Streitfall als Beweis dienen können.

3.2.1 Nachbehandlung und Qualitätskontrolle

Nachbehandlung

Die Nachbehandlung umfasst gemäß DIN V 18550 „Putz und Putzsysteme – Ausführung" (2005) eventuell notwendige Maßnahmen nach dem Putzauftrag, wie

- Schutz des Putzes (im Außenbereich durch Abdecken der verputzten Flächen) vor
  - zu frühem Austrocknen durch Wärme, geringe relative Luftfeuchtigkeit (< 40 %) und Wind und
  - Frost und mechanischen Beschädigungen,
- das Bereitstellen von Wasser für die Reaktion des Bindemittels bis zum endgültigen Abbinden und Erhärten des Putzes,
- das Aufbringen von schützenden Farbanstrichen oder Imprägnierungen (siehe Kapitel 2.2.5).

Abdecken der verputzten Flächen:

- Meist reicht es aus, die Putzflächen mit Jutebahnen o. Ä. in einem Abstand von 10 bis 20 cm abzuhängen.
- Das Abdecken dient auch als Schutz vor Regen, der
  - die Bindemittel aus der Oberfläche auswaschen und
  - eine Sinterhaut bilden kann.

Feuchthalten der Putze:

- vorsichtig mit Wasser ansprühen
- Sprühflasche oder Spritzpistole (airless) verwenden
- Putzflächen nie mit direktem Wasserstrahl behandeln
- nicht nur zu wenig, sondern auch zu viel Wasser ist schädlich für den Putz (Auswaschen der Bindemittel, dadurch Festigkeitsverlust und Fleckenbildung)

hydraulisch abbindende Putze:

- Das Angebot an Wasser ist insbesondere bei Putzen mit hydraulisch erhärtenden Bindemitteln (Zement, hydraulischer Kalk) wichtig.
- Das Wasser wird beim Abbinden dieser Putze in die neu entstehenden Verbindungen chemisch eingebaut.
- Bei Normalbedingungen erreichen sie nach 28 Tagen ihre Endfestigkeit.
- Latent hydraulische Zusatzstoffe (z. B. Trass) reagieren nur sehr langsam, sodass sich dieser Zeitraum mindestens verdoppelt.
- Werden die Putze nicht bis zum Erreichen ihrer Endfestigkeit feucht gehalten, reißen sie, liegen hohl, sanden ab und erreichen die gewünschte Endfestigkeit nicht.

Luftkalkputze:

- Diese Putze reagieren beim Erhärten mit dem CO_2 der Luft (carbonatische Bindung).
- Für die Reaktion ist eine relative Luftfeuchtigkeit von 50 bis 70 % erforderlich.
- Ist die Luftfeuchtigkeit geringer, bleibt die Reaktion aus und der Putz zerfällt.
- Ist die Luftfeuchtigkeit höher, erhärtet nur die Putzoberfläche und der Putz darunter bleibt mürbe.
- Diese Putze müssen daher ausreichend feucht gehalten werden, um die erforderliche Luftfeuchtigkeit bis zum Erreichen der Endfestigkeit zu erhalten.

Gipsputze

- werden ausschließlich im Innenbereich eingesetzt,
- sind keinen Witterungseinflüssen ausgesetzt,
- dürfen nicht zu schnell austrocknen (häufig kurzfristig lüften, jedoch nicht heizen oder Entfeuchtungsgeräte aufstellen), um Spannungen und damit Risse zu vermeiden.

Hinweis

Das Austrocknen von Beton kann durch chemische Mittel verlangsamt werden. Dies ist bei Putzen nicht üblich.

Lehmputze

- haben keine Reaktion zwischen Bindemittel und Wasser,
- dürfen nicht zu schnell trocknen,
- dürfen nicht lange feucht bleiben, da sie nicht alkalisch sind (Gefahr der Ansiedlung von Schimmelpilz und anderen Mikroorganismen),

- können durch vorsichtiges Heizen, Lüften oder Entfeuchten mit Kondenstrocknern bei der Abtrocknung unterstützt werden.

hohe Luftfeuchtigkeit:

- Bei hoher relativer Luftfeuchtigkeit (> 70 %)
  - verfestigen sich hydraulisch abbindende Putze zwar und erreichen ihre Endfestigkeit, trocknen jedoch nicht aus und
  - außerdem liegt der Taupunkt ständig innerhalb des Putzes (insbesondere in den Sommermonaten in Kellerräumen).
- Ein Taupunkt innerhalb des Putzes verhindert das Austrocknen.

Probleme bei **nicht ausgetrockneten** Putzen und **Gegenmaßnahmen:**

- Probleme treten vor allem bei hydrophobierten Putzen (z. B. Sanierputzen) auf.
- Wenn sie nicht austrocknen, kann sich die wasserabweisende Eigenschaft nicht entwickeln.
- Sie ist erst vorhanden, wenn die Putze einmal richtig durchgetrocknet sind.
- Feuchtigkeit kann weiterhin aus dem Untergrund an die Putzoberfläche gelangen.
- Dies ist bei Sanierputzen besonders kritisch, da
  - sie auf salzbelastete Untergründe aufgetragen werden,
  - Salze zusammen mit dem Wasser an die Oberfläche gelangen,
  - dies mit einem Versagen des Systems gleichgesetzt wird.

- Hohe Luftfeuchtigkeit während und nach der Verarbeitung muss also unbedingt beseitigt werden durch
  - Be- und Entlüftung über Fenstern und Türen,
  - geeignete Geräte (z. B. Kondenstrockner),
  - vorsichtiges Heizen (nicht mit Propangasbrennern, weil Propangas beim Verbrennen Wasser abgibt und die Luftfeuchtigkeit dadurch noch erhöht).
- Haben sich Salze an der Oberfläche gebildet, reicht es oft aus, sie abzufegen und den Putz weiter zu trocknen.

Maßnahmen bei **sandendem Putz** wegen fehlender oder unzureichender Nachbehandlung:

- Bei hydraulisch erhärtenden Putzen hilft manchmal schon ein Nachnässen, um die Reaktion zum Abschluss zu bringen.
- Durch Festiger kann neues Bindemittel eingebracht werden, und zwar
  - bei alkalischen Putzen (Kalkputzen, Kalkzementputzen, Zementputzen) wässrige Kaliumsilikat-Lösung (Verkieselung),
  - bei fast allen Putzen Kieselsäureester, die sehr gut verfestigen, jedoch den Farbton des Putzes intensiver machen.
- Wirkung und Verbrauch von Festigern sollten zunächst an einer Musterfläche bestimmt werden.

Qualitätskontrolle

beim **Hersteller** von Werkputzmörteln:

- Der Hersteller prüft die eingehenden Rohstoffe.
- Er führt die in den Regelwerken vorgeschriebene werkseigene Produktionskontrolle an den Putzen durch (siehe Abb. 3.13).

Abb. 3.13: Prüfung der Biegezug- und Druckfestigkeit eines Putzes im Rahmen der werkseigenen Produktionskontrolle

Fremdüberwachung:
- Der Hersteller unterliegt auch einer Fremdüberwachung.
- Die Fremdüberwachung muss von einer für den Mörtelsektor anerkannten Prüfstelle oder einem Überwachungsverein vorgenommen werden.
- Der Fremdüberwacher führt selbst Untersuchungen durch.
- Er ist berechtigt, Proben beim Händler oder beim Verarbeiter auf der Baustelle zu nehmen (was in der Praxis allerdings kaum vorkommt).

Behörden:
- Mit der Einführung der Europäischen Bauproduktenverordnung (tritt am 1. Juli 2013 in Kraft) wird es auch eine Marktüberwachung geben.
- Behörden überprüfen, ob die Angaben des Herstellers zu der Leistung des Produkts korrekt sind.
- Putze sind hiervon jedoch derzeit noch nicht betroffen.

Abb. 3.14: Nachträgliche Kontrolle der ordnungsgemäßen Verarbeitung von Putzen an der St.-Jakobus-Kirche in Bad Imnau

auf der **Baustelle:**

- Durchführung von Qualitätskontrollen während der Arbeit aufgrund vertraglich vereinbarter Bauüberwachung
- auch nach Fertigstellen der Arbeiten Überprüfung der ordnungsgemäßen Ausführung möglich (Abb. 3.14)

Vorher-nachher-Vergleich:

- Vergleich des Bauwerkszustands vor und nach den Putz- bzw. Sanierungsarbeiten
- sinnvoll zur Qualitätskontrolle oder zur Bestätigung des Sanierungserfolges
- nur bei Vorliegen einer Bestandsanalyse des Ausgangszustandes möglich (siehe Kapitel 2.1.2)
- entsprechende Untersuchungen daher äußerst wichtig
- auch Fotodokumentationen hilfreich

3.2.2 Wartung und vorbeugende Maßnahmen

Erhalt der Funktionsfähigkeit von Putzen:

- Putze sind vielen Einflüssen ausgesetzt, die sich im Laufe der Zeit auch ändern können.

- Sie sollten in regelmäßigen Zeitabständen kontrolliert und Schäden beseitigt werden.
- Für den Auftrag von Deckschichten sind Hinweise (z. B. im Mietvertrag) erforderlich, damit die vorhandenen Putze oder Putzsysteme nicht beeinträchtigt oder gar unwirksam gemacht werden, z. B. dürfen auf diffusionsoffene Putze (wie Sanierputze, Antikondensputze, Akustikputze) keine absperrenden Beschichtungen oder Beläge (wie Dispersionsfarben, Tapeten, Fliesen) aufgetragen werden.
- Dann ist davon auszugehen, dass Putze lange Zeit funktionsfähig bleiben.

Feuchtigkeitsempfindliche Putze (z. B. Gipsputze, Lehmputze)

- müssen vor längerer Feuchtigkeitseinwirkung geschützt werden,
- dürfen mit Feuchtigkeit nicht rückseitig vom Putzgrund her belastet werden,
- dürfen auf der Oberfläche nicht durch Spritzwasser oder Kondenswasser belastet werden.

vorbeugende Maßnahmen:

- konstruktive Maßnahmen bereits in der Planungsphase zur Vermeidung von Algen, Pilzen und Flechten, z. B.
  - ausreichende Überstände von Dach und Abdeckungen
  - gezielte Wasserableitungen
  - Schlagregenschutz
  - Spritzwasserschutz
  - Verwendung von wasserabweisenden Farbanstrichen oder Imprägnierungen

- Maßnahmen während der Nutzungsphase zur Vermeidung von Verschmutzungen und Ansiedlung von Mikroorganismen im Außenbereich, z. B.
  - Büsche und Bäume an den Fassadenflächen zurückschneiden
  - Fassade regelmäßig von Staub reinigen
  - wasserabweisende Putze bzw. Farbanstriche oder Beschichtungen verwenden
- Maßnahmen während der Nutzungsphase zur Vermeidung von Verschmutzungen und Ansiedlung von Mikroorganismen im Innenbereich, z. B.
  - Wärmebrücken vermeiden
  - Raumklima ausgleichen

3.2.3 Auffrischen

Putzfassaden werden unansehnlich durch

- Schmutzablagerungen,
- Verwitterung,
- Vandalismus (Graffiti),
- Ausblühungen,
- Mikroorganismen (Algen, Pilze, Flechten),
- Pflanzenbewuchs,
- Mauerspinnen.

Hinweis

> Ausführlich sind die Einflüsse auf den Putz, die die Fassade unansehnlich machen, in Kapitel 2.1.2.4 beschrieben.

Zum Auffrischen der Putzflächen gehören:

- das Reinigen (siehe auch Kapitel 3.2.5),

Abb. 3.15: Fassade mit verschiedenen Mängeln (Rissen, Farbauswaschungen), die vor dem Auffrischen beseitigt werden müssen.

- das Erneuern der Hydrophobierung,
- das Erneuern oder Überarbeiten des Farbanstrichs,
- das Erneuern oder Überarbeiten des Putzes.

Priorität der Maßnahmen:

- Bevor Maßnahmen zum Auffrischen der Putzflächen unternommen werden, sind Mängel zu beseitigen (Abb. 3.15), damit Unansehnlichkeiten nicht nach kurzer Zeit wieder auftreten, insbesondere sind
  - Risse instand zu setzen und
  - konstruktive Lösungen zu verbessern (z. B. Tropfkanten, Wasserablauf).
- Darüber hinaus muss überlegt werden, ob der bisher vorhandene Farbanstrich überhaupt geeignet war.
- Bei den Maßnahmen zum Auffrischen steht an erster Stelle die Reinigung, wobei die schonendste Art zu bevorzugen ist.
- Ein neuer Farbanstrich oder gar Putz ist nur erforderlich, wenn die Oberfläche tief greifend geschädigt ist.

Reinigen

Die Reinigung kann
- mechanisch,
- mit Wasser,
- mit Dampf,
- mit mechanischen Reinigungsmitteln und
- mit chemischen oder biologischen Reinigungsmitteln erfolgen.

Flächengröße:
- Kleinere befallene Flächen lassen sich mit Wasser und Bürste reinigen.
- Bei größeren Flächen wird oft zu chemischen Reinigungsmitteln gegriffen.

hydrophobierte Putzflächen und Farbanstriche:
- Wenn nach einiger Zeit die wasserabweisende Wirkung von Hydrophobierungsmitteln nachlässt, ist dies meist auf eine oberflächliche Verschmutzung zurückzuführen.
- Wird die Verschmutzung entfernt, ist die Wirkung meist wieder vorhanden, sodass eine erneute Imprägnierung nicht erforderlich ist (Abb. 3.16).

Mauerspinnen:
- Netze von Mauerspinnen lassen sich oft einfach abkehren.
- Das Abkehren hilft allerdings nur kurze Zeit.
- Auf Gifte zur Insektenbekämpfung sollte verzichtet werden.
- Am wirkungsvollsten ist eine gründliche Reinigung mit einem Hochdruckreiniger.
- Vorbeugend können insektizide Farbanstriche verwendet werden, deren Wirkungsdauer jedoch begrenzt ist.

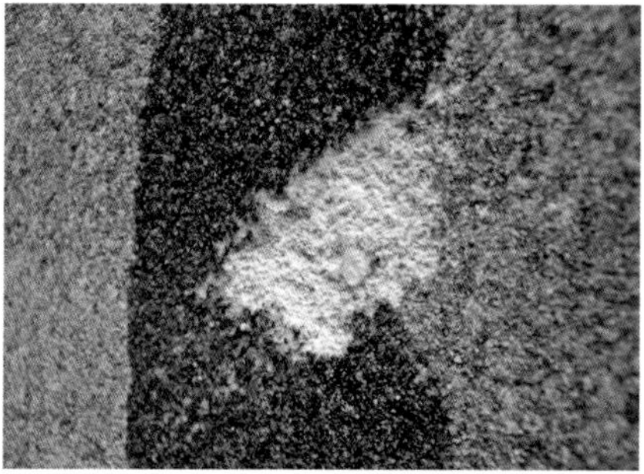

Abb. 3.16: Die verschmutzte Oberfläche eines wasserabweisenden Putzes saugt Wasser beim Aufsprühen an, die gereinigte Oberfläche weist einen Abperleffekt auf.

Salze:

- Bei Salzen bringt ein Abkehren oder Abwaschen keinen Erfolg.
- Ein „Neutralisieren" solcher Ausblühungen, wie es manchmal angepriesen wird, ist nicht möglich.
- Gegen Salze hilft nur, den Weg des flüssigen, salzhaltigen Wassers an die Oberfläche zu unterbinden.
- Dies kann durch Abdichtungen oder Sanierputzsysteme geschehen.

Kalkausblühungen:

- Kalkverbindungen, die aus dem Bindemittel (Zement oder Kalk) ausgewaschen werden, können weiße Schleier oder Fahnen bilden.
- Dünnschichtige Ausblühungen können mit Wasser oder mechanisch mit einer Bürste entfernt werden.
- Nur hartnäckige Kalkausblühungen sollten chemisch mit einer schwachen Säure behandelt werden.

- Hierbei ist zu prüfen, ob und inwieweit der Putz bzw. der Farbanstrich verändert oder gar geschädigt wird.
- Es muss auch darauf geachtet werden, dass von der Säure nichts in den Boden, in die Kanalisation oder in das Grundwasser gelangt.
- Früher eingesetzte Flusssäure darf heute nicht mehr verwendet werden.

Erneuern der Hydrophobierung

Verlust des wasserabweisenden Effekts:

- Wasserabweisende Imprägnierungen verlieren im Laufe der Zeit ihre Wirksamkeit.
- Ist dies auf eine oberflächliche Verschmutzung zurückzuführen, genügt eine Reinigung.
- Hat das Hydrophobierungsmittel seine Wirksamkeit verloren, kann die Erneuerung der Imprägnierung mit dem gleichen Mittel wie zuvor vorgenommen werden.

Anti-Graffiti-Systeme:

- Temporäre Systeme werden nach der Reinigung vollständig erneuert, da
  - die Imprägnierung bei der Reinigung mit Wasser entfernt wird und
  - eine neue Imprägnierung nach der Reinigung aufgebracht werden muss.
- Bei einschichtigen semipermanenten Systemen wird
  - die Oberfläche bei der Reinigung angelöst und abgetragen und
  - eine neue Schicht nach der Reinigung aufgetragen.

- Bei mehrschichtigen semipermanenten Systemen
  - bleibt die Grundschicht bestehen,
  - wird die Opferschicht bei der Reinigung entfernt,
  - wird eine neue Opferschicht nach der Reinigung aufgetragen.

Erneuern oder Überarbeiten des Farbanstrichs

Anstrichmittel:

- Zum Überarbeiten eines alten Farbanstrichs sollte ein möglichst gleichartiges Anstrichmittel verwendet werden.
- Filmbildende Anstrichmittel (z. B. Dispersionsfarben) können in der Regel nicht mit porösen mineralischen Anstrichmitteln überarbeitet werden.
- Mineralische Anstrichmittel lassen sich dagegen mit filmbildenden Anstrichmitteln überarbeiten.
- Für den Wohnbereich müssen algizide und fungizide Anstrichmittel geprüft sein.
- Algizide und fungizide Anstrichmittel im Außenbereich
  - sind nur von zeitlich begrenzter Wirksamkeit,
  - verlieren ihre Wirkstoffe beim Auswaschen durch Regen,
  - geben ihre Wirkstoffe aufgrund des Auswaschens in den Boden bzw. das Grundwasser ab, was problematisch ist.

Tabelle 3.6: Überarbeiten von Farbanstrichen

Anstrichmittel	überstreichbar mit
Leimfarbe	Leimfarbe (nach dem Abwaschen auch mit anderen Farben, je nach Untergrund)
Kalkfarbe	• Dispersionssilikatfarbe • Dispersionsfarbe • Siliconharzfarbe
Silikatfarbe	• Silikatfarbe • Dispersionssilikatfarbe • Dispersionsfarbe • Siliconharzemulsionsfarbe
Dispersionssilikatfarbe	• Silikatfarbe • Dispersionssilikatfarbe • Dispersionsfarbe • Siliconharzemulsionsfarbe
Siliconharzemulsionsfarbe	• Dispersionsfarbe • Siliconharzemulsionsfarbe
Dispersionsfarbe	Dispersionsfarbe

Erneuern oder Überarbeiten des Putzes

Erneuern:

- Zum Auffrischen von Putzflächen wird nicht der gesamte Putz erneuert, sondern lediglich der Oberputz oder die obere Schicht.
- Dies ist nur erforderlich, wenn
  – die Oberfläche geschädigt ist oder
  – die Oberfläche nicht mehr tragfähig ist.

Überarbeiten:

- nur möglich, wenn der Putz keine Hohlstellen aufweist und tragfähig ist
- Überarbeiten von Rissen, die nicht mit Hohlstellen zusammenhängen, möglich
- in der Regel vollflächiger Auftrag eines Renovierputzes mit einer Gewebelage
- abschließendes Strukturieren des Renovierputzes oder Auftrag einer weiteren Putzlage (Edelputz)

3.2.4 Sanieren

Putze in Bauwerken:

- Putze sind in fast allen Bauwerksbereichen zu finden.
- Daher können Sanierungskonzepte für Bauwerke auch für Putze angewendet werden (Definition von Sanierung und Sanierungskonzepten siehe Kapitel 1.1).

Hinweis

> Sanierungen bringen oft eine geänderte Nutzung und ein verändertes Wohnverhalten mit sich. Zu Schäden durch Nutzungsänderungen siehe Kapitel 3.1.5.

Ersetzen und **Erneuern** kommt infrage bei

- Putzflächen mit Schäden oder Schwachstellen,
- Putzpartien mit Schäden oder Schwachstellen.

Instandhalten und **Konservieren:**

- Bewahren des augenblicklichen Zustands
- gleichzeitig Aufhalten oder Verlangsamen eines weiteren Schadensfortschritts, z. B. durch

  - Festiger (nicht bei salzbelasteten Putzen, weil die gefestigte Schicht durch die Salze schalenförmig abgesprengt werden kann)
  - Hydrophobierungsmittel (Verhinderung einer weiteren Wasser- und Schadstoffaufnahme)

Modernisieren:
- Instandsetzen oder Erneuern ganzer Gebäudeteile
- Einsatz von Putzen, die speziell auf die Nutzung ausgerichtet sind (z. B. Wärmedämmputze), um den Gebrauchswert des Gebäudes zu erhöhen

Rekonstruieren und **Renovieren:**
- Wiederherstellung des früheren Zustands und des früheren Erscheinungsbilds des Putzes
- Verwendung möglichst originalgetreuer Putze und Techniken

Reparieren (Instandsetzen):
- Beseitigung von Spuren durch die Nutzung oder durch äußere Einwirkungen
- Rückgängigmachen von Verlusten in der Funktion und im Erscheinungsbild durch
  - partielles Ausbessern
  - Überarbeiten des vorhandenen Putzes
  - Entfernen des vorhandenen Putzes und Neuauftrag
- Verwendung eines dem Putz im Bestand möglichst nahe kommenden neuen Putzes

Restaurieren:
- Beseitigen von Spuren durch Nutzung oder Alterung
- über das Reparieren hinausgehend

- Anstreben des ursprünglichen Zustands
- Verwendung möglichst originalgetreuer Putze und Techniken

3.2.5 Entfernen

Verfahren

Auswahl der **Methode:**

- Die Methode für das Entfernen von Putzen, Beschichtungen oder Farbanstrichen ist an das Material und den Zweck anzupassen.
- Beim vollständigen Entfernen wird meist mit Pressluft- oder Elektrohämmern gearbeitet.
- Sollen nur die Oberflächenschicht oder einzelne Lagen entfernt werden, sind schonendere Methoden anzuwenden, wie
  - Strahlverfahren,
  - Nadelverfahren,
  - Abschleifen,
  - Abfräsen.

Hinweis

Wird die Fläche anschließend wieder überarbeitet, so kann das Entfernen gleichzeitig eine Untergrundvorbehandlung (Aufrauen) sein.

Strahlverfahren

- sind
  - Nassstrahlverfahren (Wasserstrahlen mit oder ohne Strahlmittel, Hochdruckwasserstrahlen),
  - Trockenstrahlverfahren,

- dienen zum
  - Entfernen von Putzen, Beschichtungen, Farbanstrichen und Graffiti,
  - Freilegen von Bewehrungen (Betoninstandsetzung),
  - Reinigen von Mauerwerk und Putzflächen,
  - Vorbehandeln des Untergrunds (Entfernen von Schalungstrennmitteln, Aufrauen),
- arbeiten meist mit einem Strahldruck zwischen 3 und 4 bar,
- haben ein Ergebnis, das abhängig ist
  - vom Luftdruck,
  - von der Luftmenge,
  - vom Untergrund,
  - von der Aufprallgeschwindigkeit,
  - vom Strahlmittel.

Strahlmittel

- schleifen Verschmutzungen oder Materialreste vom Untergrund,
- haben je nach Anwendungszweck unterschiedliche Korngrößen,
- sind u. a.:
  - Korund (sehr hart, scharfkantig und abrasiv/abschleifend),
  - Stahlkugeln und Stahlkies,
  - Schlacke,
  - Glasgranulat,
  - Keramikgranulat,
  - Kalksteingranulat,
  - Kunststoffgranulat,
  - Nussschalen,
  - Kaolin,

- Quarzsand,
- CO_2-Pellets (Trockeneisstrahlen, sehr schonend, nicht abrasiv, hinterlässt keine Rückstände),
- CO_2-Schnee (Schneestrahlen, sehr schonend, nicht abrasiv, hinterlässt keine Rückstände).

Hinweis

Beim Strahlen mit Quarzsand entsteht lungengängiger, krankheitserregender Quarzstaub. Beim Strahlen von Beton kann Quarzsand eingesetzt werden, da Beton bereits Quarz enthält. Es sind dabei jedoch zusätzliche Sicherheitsmaßnahmen zu treffen.

Hochdruckwasserstrahlen:

- Wasser wird durch eine rotierende Düse mit einem Druck von 4.000 bar und mehr auf die zu behandelnde Oberfläche aufgestrahlt.
- Die Vorteile dieses Verfahrens sind
  - ein gezielter Materialabtrag,
  - keine Entsorgung von Strahlmitteln,
  - das gleichzeitige Abwaschen der Oberfläche.

Trockenstrahlen:

- Ein starker Luftstrahl wird durch einen Kompressor erzeugt, der das Strahlmittel aus einem Sammelbehälter aufnimmt.
- Luftstrahl und Strahlmittel treffen auf die zu behandelnde Oberfläche, wo sie die unerwünschten Partien ablösen und abtragen.
- Solche Verfahren sind abrasiv.

JOS-Verfahren:

- Das Prinzip beruht darauf, dass Luft, Strahlgut und eventuell Wasser nicht senkrecht auf die Fläche treffen, sondern in einer kreisenden, waagerechten Bewegung.
- Als Strahlgut werden bevorzugt Glas- oder Gesteinsmehle verwendet.
- Der Druck kann niedrig gehalten werden (zwischen 0,5 und 0,7 bar).
- Das Reinigungsverfahren ist sehr schonend.
- Der Effekt ist mit einem Wischen oder Radieren zu vergleichen.
- Die zu behandelnde Oberfläche wird nicht angegriffen oder abgetragen, was insbesondere in der Denkmalpflege wichtig ist.

Nadelverfahren:

- Stahlnadeln hämmern auf die zu behandelnde Oberfläche und lösen Farbanstriche oder andere oberflächliche Schichten.
- Geräte zum Nadeln sind Nadelentroster, Nadelhammer, Nadelpistole oder Druckluftnadler.
- Die Geräte werden pneumatisch oder elektrisch betrieben.
- Das mechanische Verfahren ist schonend und kann zur Reinigung eingesetzt werden.

Wohngifte und Recycling

Wohngifte

- ist eine Bezeichnung für schädliche Stoffe, die in Wohnungen auftreten können, z. B.
  - Asbestfasern,
  - radioaktive Stoffe,

  - Lösemittel,
  - flüchtige organische Bestandteile (volatile organic compounds [VOC]),
  - Formaldehyd,
  - Schimmelpilz/Hausschwamm,
- sind teils in Baustoffen vorhanden, entstehen mitunter aufgrund von Konstruktionsfehlern, werden teils aber auch von den Bewohnern verursacht,
- sind bereits bei der Planung durch Auswahl von Baustoffen zu berücksichtigen, die keine Schadstoffe enthalten und abgeben.

Beim **Entfernen** von Putzen, Beschichtungen, Farbanstrichen oder Verschmutzungen

- geht von mineralisch gebundenen, werkseitig gefertigten Putzen mit Kunststoffen als Zusatzmittel keine Gefahr aus (schädliche Stoffe werden weder bei der Verarbeitung noch im verarbeiteten Zustand abgegeben),
- kann eine Gefahr insbesondere von älteren Baustoffen ausgehen (früher enthielten z. B. zahlreiche Kleber und Beschichtungen Asbest),
- sind besondere Vorsichtsmaßnahmen einzuhalten, wenn Wohngifte freigesetzt werden können (Auskünfte hierzu erteilen die Berufsgenossenschaften).

Recycling:

- Ein Recyclen ist bei Beton und Mauerwerk möglich, bei Putzen jedoch praktisch nicht.
- Wegen der vielen unterschiedlich zusammengesetzten Putzarten kann es sein, dass sich die recycleten Materialien nicht miteinander „vertragen“, z. B.

  - gipshaltige Putzreste und
  - hydraulisch abbindende Putzreste.
- Ausnahme sind lediglich Lehmputze, die
  - nach dem Zerkleinern wieder mit Wasser angemischt und
  - auf diese Weise erneut verwendet werden können.

4 Anhang

4.1 Verzeichnisse

4.1.1 Normen

DIN 1060-1:1995-03 Baukalk; Begriffe, Anforderungen, Lieferung, Überwachung (nicht mehr in Kraft)

DIN 1164-1:1994-10 Zement – Zusammensetzung, Anforderungen (nicht mehr in Kraft)

DIN 1164-2:1996-11 Zement – Übereinstimmungsnachweis (nicht mehr in Kraft)

DIN 1164-10:2013-03 Zement mit besonderen Eigenschaften – Teil 10: Zusammensetzung, Anforderungen und Übereinstimmungsnachweis von Zement mit niedrigem wirksamen Alkaligehalt

DIN 1164-11:2003-11 Zement mit besonderen Eigenschaften – Teil 11: Zusammensetzung, Anforderungen, Übereinstimmungsnachweis von Zement mit verkürztem Erstarren

DIN 1164-12:2005-06 Zement mit besonderen Eigenschaften – Teil 12: Zusammensetzung, Anforderungen, Übereinstimmungsnachweis von Zement mit einem erhöhten Anteil an organischen Bestandteilen

DIN 1168-1:1986-01 Baugipse; Begriffe, Sorten und Verwendung; Lieferung und Kennzeichnung (nicht mehr in Kraft)

DIN 1168-2:1975-07 Baugipse; Anforderung, Prüfung und Überwachung (nicht mehr in Kraft)

DIN 4102-1:1998-05 Brandverhalten von Baustoffen und Bauteilen – Teil 1: Baustoffe; Begriffe, Anforderungen und Prüfungen

DIN 4102-2:1977-09 Brandverhalten von Baustoffen und Bauteilen; Bauteile, Begriffe, Anforderungen und Prüfungen

DIN 4102-4:1994-03 Brandverhalten von Baustoffen und Bauteilen; Zusammenstellung und Anwendung klassifizierter Baustoffe, Bauteile und Sonderbauteile

DIN 4102-4/A1:2004-11 Brandverhalten von Baustoffen und Bauteilen – Teil 4: Zusammenstellung und Anwendung klassifizierter Baustoffe, Bauteile und Sonderbauteile; Änderung A1

DIN 6812:2010-02 Medizinische Röntgenanlagen bis 300 kV – Regeln für die Auslegung des baulichen Strahlenschutzes

DIN V 18026:2006-06 Oberflächensysteme für Beton aus Produkten nach DIN EN 1504-2:2005-01

DIN 18195-1:2011-12 Bauwerksabdichtungen – Teil 1: Grundsätze, Definitionen, Zuordnung der Abdichtungsarten

DIN 18195-1 Beiblatt 1:2011-03 Bauwerksabdichtungen – Beiblatt 1: Beispiele für die Anordnung der Abdichtung bei Abdichtungen

DIN 18195-2:2009-04 Bauwerksabdichtungen – Teil 2: Stoffe

DIN 18195-3:2011-12 Bauwerksabdichtungen – Teil 3: Anforderungen an den Untergrund und Verarbeitung der Stoffe

DIN 18195-4:2011-12 Bauwerksabdichtungen – Teil 4: Abdichtung gegen Bodenfeuchte (Kapillarwasser, Haftwasser) und nichtstauendes Sickerwasser an Bodenplatten und Wänden, Bemessung und Ausführung

DIN 18195-5:2011-12 Bauwerksabdichtungen – Teil 5: Abdichtungen gegen nichtdrückendes Wasser auf Deckenflächen und in Nassräumen, Bemessung und Ausführung

DIN 18195-6:2011-12 Bauwerksabdichtungen – Teil 6: Abdichtungen gegen von außen drückendes Wasser und aufstauendes Sickerwasser, Bemessung und Ausführung

DIN 18195-7:2009-07 Bauwerksabdichtungen – Teil 7: Abdichtungen gegen von innen drückendes Wasser, Bemessung und Ausführung

DIN 18195-8:2011-12 Bauwerksabdichtungen – Teil 8: Abdichtungen über Bewegungsfugen

DIN 18195-9:2010-05 Bauwerksabdichtungen – Teil 9: Durchdringungen, Übergänge, An- und Abschlüsse

DIN 18195-10:2011-12 Bauwerksabdichtungen – Teil 10: Schutzschichten und Schutzmaßnahmen

DIN 18202:2005-10 Toleranzen im Hochbau – Bauwerke

ATV DIN 18299:2012-09 Allgemeine Regelungen für Bauarbeiten jeder Art

ATV DIN 18336:2012-09 Abdichtungsarbeiten

ATV DIN 18350:2012-09 Putz- und Stuckarbeiten

ATV DIN 18363:2012-09 Maler- und Lackierarbeiten – Beschichtungen

DIN 18550-1:1985-01 Putz; Begriffe und Anforderungen (nicht mehr in Kraft)

DIN 18550-2:1985-01 Putz; Putze aus Mörteln mit mineralischen Bindemitteln; Ausführung (nicht mehr in Kraft)

DIN V 18550:2005-04 Putz und Putzsysteme – Ausführung

DIN 18555-1:1982-09 Prüfung von Mörteln mit mineralischen Bindemitteln; Allgemeines; Probennahme, Prüfmörtel (nicht mehr in Kraft)

DIN 18555-2:1982-09 Prüfung von Mörteln mit mineralischen Bindemitteln; Frischmörtel mit dichten Zuschlägen; Bestimmung der Konsistenz, der Rohdichte und des Luftgehaltes (nicht mehr in Kraft)

DIN 18555-3:1982-09 Prüfung von Mörteln mit mineralischen Bindemitteln; Festmörtel; Bestimmung der Biegezugfestigkeit, Druckfestigkeit und Rohdichte

DIN 18555-6:1987-11 Prüfung von Mörteln mit mineralischen Bindemitteln; Festmörtel; Bestimmung der Haftzugfestigkeit

DIN 18555-7:1987-11 Prüfung von Mörteln mit mineralischen Bindemitteln; Frischmörtel; Bestimmung des Wasserrückhaltevermögens nach dem Filterplattenverfahren

DIN 18558:1985-01 Kunstharzputze; Begriffe, Anforderungen, Ausführung

DIN EN 197-1:2011-11 Zement – Teil 1: Zusammensetzung, Anforderungen und Konformitätskriterien von Normalzement

DIN EN 197-2:2000-11 Zement – Teil 2: Konformitätsbewertung

DIN EN 413-1:2011-07 Putz- und Mauerbinder – Teil 1: Zusammensetzung, Anforderungen und Konformitätskriterien

DIN EN 413-2:2005-08 Putz- und Mauerbinder – Teil 2: Prüfverfahren

DIN EN 450-1:2012-10 Flugasche für Beton – Teil 1: Definition, Anforderungen und Konformitätskriterien

DIN EN 459-1:2010-12 Baukalk – Teil 1: Begriffe, Anforderungen und Konformitätskriterien

DIN EN 459-2:2010-12 Baukalk – Teil 2: Prüfverfahren

DIN EN 459-3:2011-08 Baukalk – Teil 3: Konformitätsbewertung

DIN EN 998-1:2010-12 Festlegungen für Mörtel im Mauerwerksbau – Teil 1: Putzmörtel

DIN EN 1015-1:2007-05 Prüfverfahren für Mörtel für Mauerwerk – Teil 1: Bestimmung der Korngrößenverteilung (durch Siebanalyse)

DIN EN 1015-2:2007-05 Prüfverfahren für Mörtel für

Mauerwerk – Teil 2: Probenahme von Mörteln und Herstellung von Prüfmörteln

DIN EN 1015-3:2007-05 Prüfverfahren für Mörtel für Mauerwerk – Teil 3: Bestimmung der Konsistenz von Frischmörtel (mit Ausbreittisch)

DIN EN 1015-4:1998-12 Prüfverfahren für Mörtel für Mauerwerk – Teil 4: Bestimmung der Konsistenz von Frischmörtel (mit Eindringgerät)

DIN EN 1015-6:2007-05 Prüfverfahren für Mörtel für Mauerwerk – Teil 6: Bestimmung der Rohdichte von Frischmörtel

DIN EN 1015-7:1998-12 Prüfverfahren für Mörtel für Mauerwerk – Teil 7: Bestimmung des Luftgehaltes von Frischmörtel

DIN EN 1015-9:2007-05 Prüfverfahren für Mörtel für Mauerwerk – Teil 9: Bestimmung der Verarbeitbarkeitszeit und der Korrigierbarkeitszeit von Frischmörtel

DIN EN 1015-10:2007-05 Prüfverfahren für Mörtel für Mauerwerk – Teil 10: Bestimmung der Trockenrohdichte von Festmörtel

DIN EN 1015-11:2007-05 Prüfverfahren für Mörtel für Mauerwerk – Teil 11: Bestimmung der Biegezug- und Druckfestigkeit von Festmörtel

DIN EN 1015-12:2000-06 Prüfverfahren für Mörtel für Mauerwerk – Teil 12: Bestimmung der Haftfestigkeit von erhärteten Putzmörteln

DIN EN 1015-17:2005-01 Prüfverfahren für Mörtel für Mauerwerk – Teil 17: Bestimmung des Gehalts an wasserlöslichem Chlorid von Frischmörtel

DIN EN 1015-18:2003-03 Prüfverfahren für Mörtel für Mauerwerk – Teil 18: Bestimmung der kapillaren Wasseraufnahme von erhärtetem Mörtel (Festmörtel)

DIN EN 1015-19:2005-01 Prüfverfahren für Mörtel für Mauerwerk – Teil 19: Bestimmung der Wasserdampfdurchlässigkeit von Festmörteln aus Putzmörteln

DIN EN 1015-21:2003-03 Prüfverfahren für Mörtel für Mauerwerk – Teil 21: Bestimmung der Verträglichkeit von Einlagenputzmörteln mit Untergründen

DIN EN 1062-1:2004-08 Beschichtungsstoffe – Beschichtungsstoffe und Beschichtungssysteme für mineralische Substrate und Beton im Außenbereich – Teil 1: Einteilung

DIN EN 1062-3:2008-04 Beschichtungsstoffe – Beschichtungsstoffe und Beschichtungssysteme für mineralische Substrate und Beton im Außenbereich – Teil 3: Bestimmung der Wasserdurchlässigkeit

DIN EN 1062-6:2002-10 Beschichtungsstoffe – Beschichtungsstoffe und Beschichtungssysteme für mineralische Untergründe und Beton im Außenbereich – Teil 6: Bestimmung der Kohlenstoffdioxid-Diffusionsstromdichte (Permeabilität)

DIN EN 1062-7:2004-08 Beschichtungsstoffe – Beschichtungsstoffe und Beschichtungssysteme für mineralische Substrate und Beton im Außenbereich – Teil 7: Bestimmung der rissüberbrückenden Eigenschaften

DIN EN 1062-11:2002-10 Beschichtungsstoffe – Beschichtungsstoffe und Beschichtungssysteme für mineralische Untergründe und Beton im Außenbereich – Teil 11: Verfahren für die Konditionierung vor der Prüfung

DIN EN 1062-11 Berichtigung 1:2005-09 Beschichtungsstoffe – Beschichtungsstoffe und Beschichtungssysteme für mineralische Untergründe und Beton im Außenbereich – Teil 11: Verfahren für die Konditionierung vor der Prüfung

DIN EN 1504-1:2005-10 Produkte und Systeme für den Schutz und die Instandsetzung von Betontragwerken – Definitionen, Anforderungen, Güteüberwachung und

Beurteilung der Konformität – Teil 1: Definitionen

DIN EN 1504-2:2005-01 Produkte und Systeme für den Schutz und die Instandsetzung von Betontragwerken – Definitionen, Anforderungen, Güteüberwachung und Beurteilung der Konformität – Teil 2: Oberflächensysteme für Beton

DIN EN 1504-3:2006-03 Produkte und Systeme für den Schutz und die Instandsetzung von Betontragwerken – Definitionen, Anforderungen, Güteüberwachung und Beurteilung der Konformität – Teil 3: Statisch und nicht statisch relevante Instandsetzung

DIN EN 1745:2012-07 Mauerwerk und Mauerwerksprodukte – Verfahren zur Bestimmung von wärmeschutztechnischen Eigenschaften

DIN EN 13139:2002-08 Gesteinskörnungen für Mörtel

DIN EN 13139 Berichtigung 1:2004-12 Berichtigungen zu DIN EN 13139

DIN EN 13279-1:2008-11 Gipsbinder und Gips-Trockenmörtel – Teil 1: Begriffe und Anforderungen

DIN EN 13279-2:2004-10 Gipsbinder und Gips-Trockenmörtel – Teil 2: Prüfverfahren

DIN EN 13501-1:2010-01 Klassifizierung von Bauprodukten und Bauarten zu ihrem Brandverhalten – Teil 1: Klassifizierung mit den Ergebnissen aus den Prüfungen zum Brandverhalten von Bauprodukten

DIN EN 13914-1:2005-06 Planung, Zubereitung und Ausführung von Innen- und Außenputzen – Teil 1: Außenputz

DIN EN 13914-2:2005-07 Planung, Zubereitung und Ausführung von Innen- und Außenputzen – Teil 2: Planung und wesentliche Grundsätze für Innenputz

DIN EN ISO 7783:2012-02 Beschichtungsstoffe – Bestimmung der Wasserdampfdurchlässigkeit – Schalenverfahren

4.1.2 Rechtsvorschriften

VOB/A DIN 1960:2012-09 Vergabe- und Vertragsordnung für Bauleistungen – Teil A: Allgemeine Bestimmungen für die Vergabe von Bauleistungen

VOB/B DIN 1961:2012-09 Vergabe- und Vertragsordnung für Bauleistungen – Teil B: Allgemeine Vertragsbedingungen für die Ausführung von Bauleistungen

VOB/C 2012-09 Vergabe- und Vertragsordnung für Bauleistungen – Teil C: Allgemeine Technische Vertragsbedingungen für Bauleistungen (ATV)

4.1.3 Literatur

Appel, Bodo; Bertels, Michael; Dahmen, Heinz-Peter; Engel, Jens; Fischinger, Ralf; Fix, Wilhelm; Flügge, Stefan; Gänßmantel, Jürgen; Georgy, Ingolf u. v. a.: Praxis-Handbuch Bautenschutz. Köln: Verlagsgesellschaft Rudolf Müller, 2012

Bauregelliste A, Bauregelliste B und Liste C. Deutsches Institut für Bautechnik (DIBt). In: DIBt-Mitteilungen, Sonderheft Nr. 38, Berlin: Verlag Ernst und Sohn, 2009

Bohl, Paul (Hrsg.): St. Andreas in Fulda-Neuenberg. Petersberg: Michael Imhof Verlag, 1998

DAfStb-Richtlinie für Schutz und Instandsetzung von Betonteilen. Stand: Oktober 2001. Berlin: Deutscher Ausschuss für Stahlbeton e. V. (DAfStb), 2001

Dettmering, Tanja; Kollmann, Helmut: Putze in Bausanierung und Denkmalpflege. 2., überarb. Aufl., Berlin: Beuth-Verlag, 2011

DHBV-Hinweis Nr. 1 Außenabdichtung. Köln: Deutscher Holz- und Bautenschutz-Verband e. V. (DHBV), 1995

DHBV-Hinweis Nr. 2 Nachträgliche Kellerabdichtung. Köln: Deutscher Holz- und Bautenschutz-Verband e. V. (DHBV), 1995

DVGW-Arbeitsblatt W 300 Wasserspeicherung – Planung, Bau, Betrieb und Instandhaltung von Wasserbehältern in der Trinkwasserversorgung. Stand: Juni 2005. Bonn: Deutscher Verein des Gas- und Wasserfaches e. V. (DVGW), 2005

DVGW-Arbeitsblatt W 316-1 Instandsetzung von Trinkwasserbehältern – Qualifikationskriterien für Fachunternehmen. Stand: März 2004. Bonn: Deutscher Verein des Gas- und Wasserfaches e. V. (DVGW), 2004

DVGW-Arbeitsblatt W 316-2 Fachaufsicht und Fachpersonal für die Instandsetzung von Trinkwasserbehältern; Lehr- und Prüfungsplan. Stand: März 2004. Bonn: Deutscher Verein des Gas- und Wasserfaches e. V. (DVGW), 2004

DVGW-Arbeitsblatt W 347 Hygienische Anforderungen an zementgebundene Werkstoffe im Trinkwasserbereich – Prüfung und Bewertung. Stand: Mai 2006. Bonn: Deutscher Verein des Gas- und Wasserfaches e. V. (DVGW), 2006

Kalkulations-Hilfe. Stuttgart: Fachverband der Stuckateure für Ausbau und Fassade Baden-Württemberg (SAF), 2011

Kattenbusch, Markus; Kuhne, Volker; Noosten, Dirk; Ernesti, Werner; Kuhlenkamp, Dieter; Stiglocher, Hans: Plümecke – Preisermittlung für Bauarbeiten. 27. Aufl. Köln: Verlagsgesellschaft Rudolf Müller, 2012

Leitlinien für das Verputzen von Mauerwerk und Beton. Stand: April 2007. Duisburg: Industrieverband WerkMörtel e. V. (IWM), 2007

Merkblatt Nr. 3 Putzoberflächen im Innenbereich. Stand: Oktober 2011. Berlin: Bundesverband der Gipsindustrie e. V. Industriegruppe Baugipse (IGB), 2011

Merkblatt-Sammlung. Stuttgart: Fachverband der Stuckateure für Ausbau und Fassade Baden-Württemberg (SAF), 2004

Merkblatt-Sammlung – Ergänzungsband. Stuttgart: Fachverband der Stuckateure für Ausbau und Fassade Baden-Württemberg (SAF), 2007

Merkblätter zur Senkung der Radon-Konzentration. Bonn: Bundesministerium für Umwelt, Naturschutz und Reaktorsicherheit (BMU), 2004

Merkblatt Toleranzen im Hochbau nach DIN 18202. Stand: Oktober 2007. Berlin: Zentralverband des Deutschen Baugewerbes e. V. (ZDB), 2007

Oswald, Rainer; Abel, Ruth: Leitfaden über hinzunehmende Unregelmäßigkeiten bei Neubauten. Stuttgart: Fraunhofer IRB Verlag, 1998

Planung und Ausführung von Abdichtungen mit mineralischen Dichtungsschlämmen – Richtlinie. Stand: Mai 2002. Frankfurt: Deutsche Bauchemie e. V., 2002

Planung und Ausführung von Abdichtungen mit flexiblen Dichtungsschlämmen – Richtlinie. Stand: April 2006. Frankfurt: Deutsche Bauchemie e. V., 2006

Radon-Handbuch Deutschland. Bundesamt für Strahlenschutz (BfS); Bundesministerium für Umwelt, Naturschutz und Reaktorsicherheit (BMU). Bremerhaven: Wirtschaftsverlag NW Verlag für neue Wissenschaft GmbH, 2001

Reul, Horst: Handbuch Bautenschutz und Bausanierung. 5. Aufl. Köln: Verlagsgesellschaft Rudolf Müller, 2007

Richt(ig)-Preisliste. Stuttgart: Fachverband der Stuckateure für Ausbau und Fassade Baden-Württemberg (SAF), 2002

Ross, Hartmut; Stahl, Friedemann: Handbuch Putz – Stoffe, Verarbeitung, Schadensvermeidung. Köln: Verlagsgesellschaft Rudolf Müller, 2003

Scholz, Wilhelm; Hiese, Wolfram: Baustoffkenntnis. 16., neu bearb. u. erw. Aufl., Düsseldorf: Werner Verlag, 2007

Technisches Handbuch Putz Stuck Trockenbau. Stuttgart:

Fachverband der Stuckateure für Ausbau und Fassade Baden-Württemberg (SAF), 1996

WTA-Merkblatt 2-4-08/D Beurteilung und Instandsetzung gerissener Putze an Fassaden. Stand: August 2008. Pfaffenhofen: Wissenschaftlich-Technische Arbeitsgemeinschaft für Bauwerkserhaltung und Denkmalpflege e. V. (WTA), 2008

WTA-Merkblatt 2-5-97/D Anti-Graffiti-Systeme. Stand: Februar 1998. Pfaffenhofen: Wissenschaftlich-Technische Arbeitsgemeinschaft für Bauwerkserhaltung und Denkmalpflege e. V. (WTA), 1998

WTA-Merkblatt 2-7-01/D Kalkputze in der Denkmalpflege. Stand: September 2002. Pfaffenhofen: Wissenschaftlich-Technische Arbeitsgemeinschaft für Bauwerkserhaltung und Denkmalpflege e. V. (WTA), 2002

WTA-Merkblatt 2-8-04/D Bewertung der Wirksamkeit von Anti-Graffiti-Systemen (AGS). Stand: April 2005. Pfaffenhofen: Wissenschaftlich-Technische Arbeitsgemeinschaft für Bauwerkserhaltung und Denkmalpflege e. V. (WTA), 2005

WTA-Merkblatt 2-9-04/D Sanierputzsysteme. Stand: Dezember 2005. Pfaffenhofen: Wissenschaftlich-Technische Arbeitsgemeinschaft für Bauwerkserhaltung und Denkmalpflege e. V. (WTA), 2005

WTA-Merkblatt 2-10-06/D Opferputze. Stand: März 2006. Pfaffenhofen: Wissenschaftlich-Technische Arbeitsgemeinschaft für Bauwerkserhaltung und Denkmalpflege e. V. (WTA), 2006

WTA-Merkblatt 3-11-97/D Natursteinrestaurierung nach WTA III: Steinergänzung mit Restauriermörteln und Steinersatzstoffen. Stand: September 1997. Pfaffenhofen: Wissenschaftlich-Technische Arbeitsgemeinschaft für Bauwerkserhaltung und Denkmalpflege e. V. (WTA), 1997

WTA-Merkblatt 3-13-01/D Zerstörungsfreies Entsalzen von Naturstein und anderen porösen Baustoffen mittels Kompressen. Stand: Februar 2003. Pfaffenhofen: Wissenschaftlich-Technische Arbeitsgemeinschaft für Bauwerkserhaltung und Denkmalpflege e. V. (WTA), 2003

WTA-Merkblatt 4-4-04/D Mauerwerksinjektionen gegen kapillare Feuchtigkeit. Stand: August 2004. Pfaffenhofen: Wissenschaftlich-Technische Arbeitsgemeinschaft für Bauwerkserhaltung und Denkmalpflege e. V. (WTA), 2004

WTA-Merkblatt 4-5-99/D Beurteilung von Mauerwerk – Mauerwerksdiagnostik. Stand: September 1999. Pfaffenhofen: Wissenschaftlich-Technische Arbeitsgemeinschaft für Bauwerkserhaltung und Denkmalpflege e. V. (WTA), 1999

WTA-Merkblatt 4-6-05/D Nachträgliches Abdichten erdberührter Bauteile. Stand: März 2005. Pfaffenhofen: Wissenschaftlich-Technische Arbeitsgemeinschaft für Bauwerkserhaltung und Denkmalpflege e. V. (WTA), 2005

WTA-Merkblatt 4-11-02/D Messung der Feuchte bei mineralischen Baustoffen. Stand: Oktober 2003. Pfaffenhofen: Wissenschaftlich-Technische Arbeitsgemeinschaft für Bauwerkserhaltung und Denkmalpflege e. V. (WTA), 2003

WTA-Merkblatt 8-6-09/D Fachwerkinstandsetzung nach WTA VI: Beschichtungen auf Fachwerkwänden – Ausfachungen/Putze. Stand: September 2009. Pfaffenhofen: Wissenschaftlich-Technische Arbeitsgemeinschaft für Bauwerkserhaltung und Denkmalpflege e. V. (WTA), 2009

Zeitaufwand-Tabelle. Stuttgart: Fachverband der Stuckateure für Ausbau und Fassade Baden-Württemberg (SAF), 2002

4.2 Bezugsquellen

Die im Text bzw. in den Verzeichnissen angegebenen Regelwerke sind unter den nachfolgenden Adressen zu beziehen (alphabetische Reihenfolge):

BG-Bau-Schriften:
Berufsgenossenschaft der Bauwirtschaft
Landsberger Str. 309
80687 München
Telefon: 0 89/88 97 02
Fax: 0 89/8 89 70 29
Internet: www.bgbau.de
Kontakt: info@bgbau.de

DIBt-Schriften:
DIBt Deutsches Institut für Bautechnik
Kolonnenstraße 30 L
10829 Berlin
Telefon: 0 30/78 73 02 24
Fax: 0 30/78 73 03 20
Internet: www.dibt.de
Kontakt: dibt@dibt.de

DIN-Normen:
Beuth-Verlag GmbH
Am DIN-Platz
Burggrafenstraße 6
10787 Berlin
Telefon: 0 30/2 60 10
Fax: 0 30/26 01 12 60
Internet: www.din.de
Kontakt: info@beuth.de

Deutsche-Bauchemie-Richtlinien:
Deutsche Bauchemie e. V.
Geschäftsstelle
Mainzer Landstraße 55
60329 Frankfurt
Telefon: 0 69/25 56 13 18
Fax: 0 69/25 56 13 19
Internet: www.deutsche-bauchemie.de
Kontakt: info@deutsche-bauchemie.de

DHBV-Mitteilungen:
Deutscher Holz- und Bautenschutz-Verband e. V.
Bundesgeschäftsstelle
Hans-Willy-Mertens-Str. 2
50858 Köln
Telefon: 0 22 34/4 84 55
Fax: 0 22 34/4 93 14
Internet: www.dhbv.de
Kontakt: info@dhbv.de

DVGW-Arbeitsblätter:
DVGW Deutscher Verein des Gas- und Wasserfaches e. V.
Wirtschafts- und Verlagsgesellschaft Gas und Wasser mbH
Josef-Wirmer-Str. 1–3
53123 Bonn
Telefon: 02 28/9 18 85
Fax: 02 28/9 18 89 90
Internet: www.dvgw.de
Kontakt: info@dvgw.de

IVM-Schriften:
Industrieverband WerkMörtel e. V.
Haus der Baustoffindustrie
Düsseldorfer Str. 50
47051 Duisburg
Telefon: 02 03/9923 90
Fax: 02 03/9 92 39 98
Internet: www.iwm.de
Kontakt: info@mineralisch.de

SAF-Schriften:
Fachverband der Stuckateure für Ausbau und Fassade Baden-Württemberg
Wollgrasweg 23
70599 Stuttgart
Telefon: 07 11/45 12 30
Fax: 07 11/4 51 23 50
Internet: www.stuck-verband.de
Kontakt: info@stuck-verband.de

VDI-Richtlinien:
VDI Verein Deutscher Ingenieure e. V.
Abt. VDI-Richtlinien
VDI-Platz 1
40468 Düsseldorf
Telefon: 02 11/6 21 40
Fax: 02 11/6 21 41 69
Internet: www.vdi.de
Kontakt: mitgliederservice@vdi.de

WTA-Merkblätter:
Wissenschaftlich-Technische Arbeitsgemeinschaft für Bauwerkserhaltung und Denkmalpflege e. V.
WTA-Publications
Ingolstädter Str. 102
85276 Pfaffenhofen
Telefon: 0 89/57 86 97 27
Fax: 0 89/57 86 97 29
Internet: www.wta.de
Kontakt: info@wta.de

4.3 Stichwortverzeichnis

A

Abdichtung 34
–, nachträgliche 84
Abschirmputz 124, 286
Akustikputz 105, 280
Anmachwasser 65
Ansetzmörtel 237
Anstrichgrund 312
Anstrichmittel 141
Anti-Graffiti-System 155, 157, 319, 350
Antikondensputz 100
Anwendungsgrenze 324
Aufbrennsperren 246
Auffrischen 346
Ausgleichsputz 228, 282
Ausschreibung 210
Außenputz 16

B

Baugips 42
Baukalk 45
Baumwollputz 140, 290
Bauregelliste 178
Baustellenmörtel 271
Baustellenplanung 216
Baustellenputzmörtel 16, 253
Baustoffklasse 106
Beschichtung 18, 135, 290
Bestandsanalyse 189
Biegezugfestigkeit 32
Bindemittel 65
–, mineralisches 41
Biozid 158
Bodenflächenabdichtung 82
Boden-Wand-Anschluss 83
Brandschutzputz 107, 281
Brandverhalten 39
Bruchbild 33

C

CE-Kennzeichnung 179

D

Deckschicht 307
Dekorputz 136
Denkmalpflege 22
Denkmalschutz 23
Dichtungsschlämmen
–, mineralische 288
– zum Schutz gegen Radon 134
– zur Bauwerksabdichtung 132
Dispersionsfarbe 150
Dispersionssilikatfarbe 149, 316
Druckfestigkeitsklasse 110

E

Edelputz 307
Edelputzmörtel 16
Egalisationsanstrich 309
Eignungsprüfungsmörtel 16

Einlagenputzmörtel 17
Elastizitätsmodul 32
Estrichgips 43

F

Farbanstrich 310
Festiger 157
Festigkeitsgefälle 23
Festmörtel 17, 29
Feuchtigkeitsmessung 198
Feuerwiderstandsklasse 107
Flugasche 59
Fremdüberwachung 343
Frischmörtel 17, 25
Frischmörteleigenschaft 25

G

Gefahrgut 173
Gefahrstoff 173
Gesteinskörnung 55
Gewährleistung 186
gipshaltige Platte 236
Gipsputz 93, 277, 325, 340
Graffiti 204
Grundierung 248, 312
Grundputz-WTA 99

H

Haftbrücke 250
Haftzugfestigkeit 33
Herstellerinformation 168
Holzstabgewebe 233
Holz- und Bautenschützer 214
Holzwolle-Leichtbauplatte 236
Hydrophobierung 350
Hydrophobierungsmittel 152, 317
–, cremeartiges 154, 319

I

Imprägniermittel 152
Imprägnierung 317
Innendämmung 104
Innenputz 17

K

Kalk
–, formulierter 46
–, hydraulischer 46
Kalkausblühung 349
Kalkfarbe 147, 315
Kalk-Sand-Werk-Vormörtel 17, 255
Kalkzementputz 87
kapillare Wasseraufnahme 35
Klimabedingung 220, 296
Kompressenputz 96
Kunstharzputz 17, 138

L

Lehm 41
Lehmputz 94, 277, 325, 340
Leichtputz 102
Leichtputzmörtel 18

Leichtzuschlag 57
Leimfarbe 147
Leistungsbeschreibung 210
Leistungserklärung 169
Leistungsverzeichnis 210
Luftgehalt 27
Luftkalk 46
Luftkalkputz 93, 276, 297, 325, 340

M

Magnetputz 140
Maler 214
Maßtoleranz 305
Mauerspinne 348
Mischdauer 28
Mischintensität 28
Mörtel 14
Mörtelgruppe 67, 110
Musterfläche 218

N

Nachbehandlung 338
Nachhaltigkeit 23
Naturputz 23
Normalputzmörtel 18
Nutzungsänderung 337

O

Oberflächenbearbeitung 285
Oberflächenbeschaffenheit 298
Oberflächenqualität 298
Oberputz 18, 104, 139, 278, 307
Opferputz 88, 96, 277
optische Toleranz 305

P

Pariser Leiste 238
Pflanzenbewuchs 205
Pigment 64, 143
Polymerisatharzfarbe 150
Porengrundputz 282
Porosität 27, 38
Preisermittlung 211
Produktnorm 164
Prüfnorm 164
Putz 13
–, Druckfestigkeit 32
–, druckwasserdichter 80
–, Entfernen 355
–, Erneuern 352
–, Festigen 229
–, feuerhemmender 106
–, historischer 23
–, kapillarwasserdichter 90
–, mineralischer 18
–, schallhemmender 105
–, Überarbeiten 353
–, wärmedämmender 101
–, wasserabweisender 90
–, wasseraufnehmender 92
–, wasserhemmender 86
Putzart 18, 72
Putzbewehrung 19, 291
Putzgips 43

Putzgrund 19
–, Fehlstellen 193
–, Feuchtigkeitsbelastung 198
–, Salzbelastung 201
–, Tragfähigkeit 202
Putzgrundvorbehandlung 222, 246
Putzgrundvorbereitung 222, 224
Putzhaftbrücke 253
Putzlage 19
Putzmörtel 19
–, historischer 64
–, werkmäßig vorbereiteter 22
Putzprofil 237
Putzschaden 321
Putzschnecke 273
Putzsystem 20, 109
–, normgerechtes 110
Putzträger 21, 232
–, moderner 234
Putzträgerplatte 236
Putz- und Mauerbinder 54
Putzweise 21
Puzzolan 58

Q

Qualitätskontrolle 342
Qualitätsstufe 298

R

Recycling 359
Regelwerk 158
Reinigen 227, 348
Renovierputz 88
Reparaturmörtel 127
Restauriermörtel 129
Rissinstandsetzung 238
Rissverankerung 239
Rissverpressung 239
Rissverschluss 239
Rollputz 136
Romankalk 46

S

Salz 349
Salzbehandlung, chemische 249
Sanieren 353
Sanierputz 21, 66, 324
Sanierputzmörtel 21
Sanierputzsystem 40, 115, 281
Sanierung 23
Sanierungskonzept 24
Schaden durch
– äußeren Einfluss 332
– Einfluss aus dem Putzgrund 326
– fehlerhaftes Material 327
– unsachgemäße Verarbeitung 328
Schadensbeseitigung 321
Schadensursache 321, 322
Schichtdicke 284
Schichtfolge 284
Schilfrohrmatte 233
Schimmelpilz 336

Schmutzablagerung 202
Sicherheitsdatenblatt 171
Silicastaub 60
siliciumorganische Verbindung 154
Siliconharzemulsionsfarbe 151
Siliconharzfarbe 151
Siliconharzputz 137
Silicon-Mikroemulsion 154, 319
Silikatfarbe 149, 316
Silikatputz 136, 290
Siloxanfarbe 151
Sonderfachleute 215
Sondermischung 257
Sonderzement 51
Spachtelmasse 135
Spalierlatte 233
Spezialputz 122
Spritzbewurf 251, 281
Standzeit 21, 294
Stopfmörtel 131, 287
Strahlenschutzputz 122, 286
Strahlverfahren 355
Streichputz 136
Stuckateur 213
Stuckgips 42

T

Tiefgrund 157
Tonerdezement 51
Trägfähigkeit, Vor-Ort-Prüfung 206
Trass 59
Trassputz 87
Trinkwasserbehälter, Innenbeschichtung von 81
Trockenmörtel 21
Trocknungsblockade 93

U

Unterputz 22
Ü-Zeichen 179

V

Verarbeitbarkeitszeit 28
Verarbeitung
–, manuelle 266
–, maschinelle 270
Verfahrensnorm 164
Vergabe- und Vertragsordnung für Bauleistungen (VOB) 164
Versiegelung 320
vertragliche Vereinbarung 185
Verwitterung 204, 333
Vornässen 246
Vornorm 163

W

Wärmedämmputz 102, 279
Wärmedämmputzmörtel 22, 38
Wärmedämmputzsystem 22, 121
Wärmeleitfähigkeit 38
Wartung 344

Wasseraufnahme 143, 333
wasserdampfdiffusionsäquivalente Luftschichtdicke 38
Wasserdampfdiffusionswiderstandszahl 37
Wasserdampfdurchlässigkeit 37, 143
Wasserdichtigkeit 34
Wasserdurchlässigkeit 37
Wasserkalk 46
Wasserkalkputz 87, 88
Wasserrückhaltevermögen 26
Wasserundurchlässigkeit 80
Weißkalk 46
Weißzement 51
Werkfrischmörtel 255
Werkputzmörtel 22, 255, 271
Werkvertrag 185
Witterungseinfluss 221
Wohngift 358
WTA-Zertifizierung 180
Wunderputz 124

Z

Zement 50
Zementkalkputz 87
Zementputz 86
Ziegeldrahtgewebe 233
Zusatzmittel 61, 260
Zusatzstoff 58
Zuschlag 55, 65